10대와 통하는

농사 이야기

기획 **사단법인 텃밭보급소**

텃밭보급소는 모든 사람이 농부가 되는 세상을 꿈꿉니다. 도시를 경작하는 일은 모든 사람이 농부가 되는 지름길입니다. 도시의 흙을 살리고 생명을 살려 모두가 함께 공동체로 사는 길을 텃밭보급소가 열어가고자 합니다.
사단법인 텃밭보급소 홈페이지 www.dosinong.com

10대와 통하는
농사 이야기

제1판 제1쇄 발행일 2017년 2월 4일
제1판 제6쇄 발행일 2024년 11월 22일

지은이 —— 곽선미, 박평수, 심재훈, 오현숙, 이상수, 임현옥
기　획 —— 사단법인 텃밭보급소, 책도둑(박정훈, 박정식, 김민호)
디자인 —— 장원석
펴낸이 —— 김은지
펴낸곳 —— 철수와영희
등록번호 —— 제319-2005-42호
주　소 —— 서울시 마포구 월드컵로 65, 302호(망원동, 양경회관)
전　화 —— (02)332-0815
팩　스 —— (02)6003-1958
전자우편 —— chulsu815@hanmail.net

ⓒ 사단법인 텃밭보급소, 2017

ISBN 978-89-93463-96-5 43520

철수와영희 출판사는 '어린이' 철수와 영희, '어른' 철수와 영희에게
도움 되는 책을 펴내기 위해 노력하고 있습니다.

10대를 위한 책도둑  25 시리즈

10대와 통하는
농사 이야기

곽선미·박평수·심재훈·오현숙·이상수·임현옥 지음

철수와영희

흙과 공기,
햇빛 에너지를 함께 나누는
농사 이야기

우리 삶에서 먹을거리만큼 중요한 것은 없습니다. 숨을 멈추면 살수 없는 것처럼, 인간은 먹을거리 없이 살 수 없습니다.

우리의 목숨, 생명과 관련지어 생각하면 한 끼도 쉽게 지나칠 일이 아니에요. 우리의 먹을거리가 어떻게 만들어지는가를 살피면 문제가 심각하다는 것을 알 수 있습니다. 유전자 조작을 통해 만든 씨앗을 석유 등 화석 연료를 사용해서 키우는 지금의 농사 방식은 건강도 해치고 환경도 오염시킵니다. 지속 가능하지도 않습니다. 태양으로부터 식물이 만들어 낸 먹을거리를 자연의 순환 과정을 깨뜨리지 않고 지속적으로 얻을 방법을 찾아야 해요. 그러나 값싸고 맛있는 먹을거리들이 매일 우리를 유혹하는 상황에서 이런 문제의식을 느끼기란 쉽지가 않지요. 먹을거리가 우리 식탁에 오르기까지의 과정을 자세히 들여다보아야 합니다.

우리가 밥 다음으로 많이 먹는 '빵'을 예로 들어 보지요. 주원료가 되는 밀 씨앗은 다국적 생화학 제조업체인 몬산토의 연구실에서 만들어져 미국이나 호주의 너른 밭에서 초국적 농기계 회사가 만든 기계에 의해 뿌려집니다. 이들은 또 다시 몬산토가 만든 제초제와 살균·살충제와 화학 비료를 먹고 자라지요. 이렇게 자라 수확된 밀은 화학적으로 방역 처리된 기차와 배를 타고 우리나라로 건너와 대기업이 운영하는 제분 회사에서 밀가루로 빻아져 제과점으로 이동하게 됩니다. 그것은 다시 먹음직한 맛과 향을 내기 위해 우리가 성분을 정확히 알기 어려운 각종 첨가물을 더해서 우리의 식탁으로 오르게 됩니다. 생각보다 복잡하지요? 그리고 이런 식으로 만들어지는 먹을거리들이 늘면서 전에 없던 문제들도 생깁니다.

오늘날 먹을거리는 지구 온난화에서부터 과학, 국가 정책, 식품 안전, 노동, 환경, 비만 등의 다양한 문제와 연결되어 있습니다. 이러다가는 지구가 감당하지 못할 정도로 상황이 악화될 수도 있어요. 인구는 계속해서 늘어 나고 있습니다. 자원은 한정되어 있고요. 산업화된 농사는 단일 작물을 대규모로 키우고 있습니다. 빨리 크게 키워서 팔기 위해 농약과 비료, 비닐 등을 사용하지요. 화석 연료를 이용한 먹을거리의 대량 생산과 장거리 이동 등이 계속된다면 위기는 훨씬 더 앞당겨질 거라는 게 전문가들의 지적입니다.

이 책은 생태계를 파괴하는 산업적 농사에서 벗어나 생명을 살리는 지속 가능한 도시 농업을 말하고 있습니다. 방법은 거창하거나 어렵지 않아요. 도시에서도 자투리 텃밭을 이용하여 농사를 지을 수 있습니다. 농약도, 화학 비료도 비닐도 필요하지 않아요. 도시에 사는 많은 사람들이 한 가지 작물이라도 심어서 거둔다면 대량 생산된 외국의 먹을거리를 수입하는 양이 훨씬 줄어들지 않을까요? 그리고 우리 땅에서 자라는 작물의 건강함을 깨달아 국산 농산물을 더 많이 소비하지 않을까요? 이 밖에도 도시 농업에는 아주 많은 장점이 있어요.

생태 순환적인 도시 농업에는 몇 가지 원칙이 있습니다. 제초제와 농약, 화학 비료를 사용하지 않고 비닐로 땅을 덮지 않을 것, 토종 씨앗을 지키고, 퇴비를 스스로 만들어 사용하고, 개인보다는 공동체를 지향할 것 등이 바로 그것입니다. 이를 통해 땅을 살리면서 환경도 치유하고 사람의 몸과 마음도 건강하게 할 수 있습니다. 또한 도시 농업은 소중한 이웃과 공동체를 이루면서 여러 가지 사회적 병리 현상과 문제들도 해결할 수 있습니다. 인간에게 농사는 본능과도 같습니다. 이를 되찾고자 귀농하여 자연의 이치를 거스르지 않는 농법을 추구하려는 사람들도 늘고 있어요.

생명을 살리는 농사는 미생물과 식물, 다양한 생명들의 삶과 죽음, 살아가는 동안 내놓은 부산물을 함부로 하지 않습니다. 흙을 매개로 이들이 자연스럽게 순환하도록 하지요. 여기에서는 똥오줌, 음식물 쓰레기 같은 것도 생명을 살리는 퇴비가 됩니다. 풀과 벌레를 적으로 여기지 않고 오히려 공생의 대상으로 여기지요.

우리 텃밭보급소는 이런 생태적이고 자원 순환적인 도시 농업의 장점을 어떻게 널리 알릴까 고민했습니다. 그래서 농사짓는 삶을 위한 이론과 철학, 농사의 순환과 생태의 원리, 구체적인 작물 재배법까지 폭넓게 토론하고 각자 역할을 나누어 글을 썼지요. 이 책은 그 소중한 결과물입니다.

이 책은 텃밭에서 땅을 살리며 건강한 먹을거리를 재배하는 법을 담고 있습니다. 먹을거리 자급을 위한 농사, 미생물에서부터 벌레, 식물, 인간이 다 함께 공생하고 순환하는 조화로운 농사에 대해서도 알려주고 있지요. 농사에 도움이 되는 24절기와 텃밭 농사 달력도 실었습니다. 또한 세상에서 가장 오래된 직업으로서 농부 이야기, 자연의 맛을 살리는 음식에 관련된 이야기도 있고, 건강한 먹을거리를 밥상까지 안전하게 오르게 하는 방법도 싣고 있습니다.

이 책에 담긴 내용을 통해 그동안 잃어버렸던 농사의 가치를 새롭게 이해하는 한편, 지혜로운 농부의 눈으로 세상을 볼 수 있는 계기가 되었으면 좋겠습니다.

2017년 2월

전 사단법인 텃밭보급소 이사장 심재훈

차례

1장

자연과 사람을 살리는 농사

2장

순환의 고리를 잇는 생태 텃밭

3장

농부의 눈으로 세상 보기

4장

농사는 어떻게 지어요?

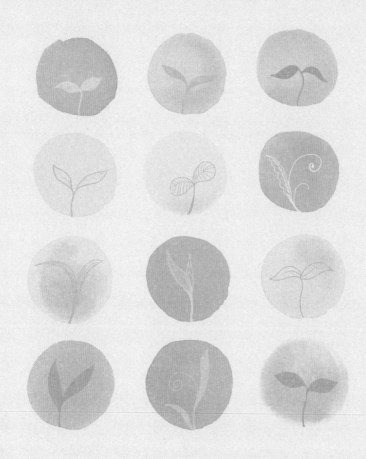

1장

자연과 사람을 살리는 농사

어떻게
먹고살 것인가

오늘날 우리는 먹을거리가 흔한 세상에 살고 있습니다. 시장이나 마트, 음식점, 심지어 길거리에서도 쉽게 구할 수 있지요. 다른 물건들과 마찬가지로 돈만 있으면 대충 '한 끼'를 때울 수 있습니다. 바쁜 일상이다 보니 때로는 먹는 일이 귀찮기까지 하지요. 사정이 이러니 먹을거리에서 땀 흘리는 농부를 떠올리기란 쉽지 않습니다.

그러나 한편 생각해 보면 먹는 일만큼 중요한 것도 없습니다. 생명을 유지하는 데 필수적인 행위이니까요. 제아무리 돈이 많은 부자라도 밥을 먹지 않고는 살 수 없습니다. 먹는 일은 인류가 지구 상에 등장한 그 순간부터 해결해야 할 가장 큰 숙제였습니다. 쉽게 먹을 것을 구할 수 있게 된 오늘날도 마찬가지예요. 숨 쉬는 공기처럼, 흔하다고 해서 그 소중함을 잊어서는 안 됩니다. 여러분과 농사에 대해 이야기하고자 하는 이유도 여기에 있습니다.

지구 상의 모든 생물은 호흡을 하고 양분을 섭취해야 생명을 유지할 수 있습니다. 사람도 마찬가지입니다. 차이가 있다면 식물처럼 스스로 만드는 대신 다른 생명체에서 필요한 영양분을 구한다는 것이겠지요. 인간은 먹이그물의 상층부에 있는 상위 포식자에 속합니다. 다른 동물들처럼 생명을 유지하기 위해 매일 음식을 먹지요. 이를 통해 생존에 필요한 에너지를 얻습니다.

먹이그물은 생물들이 서로 에너지와 양분을 주고받는 관계를 말하는데, 그 시작점은 태양 에너지입니다. 광합성을 하는 녹색식물과 조류, 일부 세균은 태양 에너지를 통해 공기, 물, 무기물을 영양소로 만들지요. 말하자면 이들 생명체야말로 최초의 생산자이자 먹잇감인 셈이에요.

자연 전체가 하나의 먹이그물로 엮여 있습니다. 그래서 어떤 사람들은 '자연'을 '먹다'와 '먹히다'라는 동사로 간단히 설명하기도 합니다. '먹고 먹히는 관계'가 바로 자연 생태계라는 거예요. 이해가 잘 되나요? 자연은 "미생물은 유기물을 먹고, 큰 미생물은 작은 미생물을 먹고, 식물은 미생물이 만든 무기물을 먹고 자라며, 동물은 식물을 먹고 자라고 또 더 큰 동물이 그 동물을 먹고 자라고, 그 동물의 시체를 미생물이 먹고 자라고…" 식의 무한 반복을 합니다. 단순화해서 보면 '태양광으로부터 영양분을 합성할 수 있는 종'으로부터 '그럴 능력이 없는 종들'에게로 영양분을 전달하는 시스템이지요. 이러한 먹이그물은 인간 존재를 결정하는 조건입니다. 인간은 먹이그물의 상층부에 자리하고 있기는 하지만 여기서 자유로울 수 없는 종속된 존재입니다. 인간뿐만이 아닙니다. 지상의 모든 생명은

먹을거리를 어떻게 구하느냐,

다시 말해 먹을거리를 어떤 방식으로 구하느냐에 따라

완전히 다른 경제생활과 다른 삶을 꾸리게 되어 있습니다.

삶에 있어서 먹을거리에 대한 태도가 무척 중요합니다.

자연의 거대한 시스템 속에서 살아갑니다.

인간은 과거에는 수렵이나 채집을 통해 직접 먹을 것을 구했어요. 하지만 오늘날 우리의 '먹고사는 일'은 경제생활을 의미합니다. 이는 두 가지 다른 관점으로 볼 수 있는데 하나는 '돈벌이'를 위한 것이고 다른 하나는 '생명 살이'를 위한 것입니다. '돈벌이'는 말 그대로 먹고사는 데 필요한 돈을 버는 일을 말합니다. 여기에는 하나의 원칙이 있는데 최소한의 투자로 최고의 이윤을 남기는 것입니다. 경제학적인 용어를 빌린다면 '이윤의 극대화'라고 할 수 있지요. 이를 농사에 적용하자면, 화학 비료를 사용하는 것은 매우 합리적인 일이 됩니다. 생산량을 늘려야 더 많은 돈을 벌 수 있으니까요.

그런데 경제생활에 관한 또 다른 관점인 '생명 살이'는 생명의 유지와 보존을 추구합니다. 이런 관점에서는 화학 비료, 화학 농약을 사용하지 않고 자연의 순환 원리에 따라 농사를 짓는 것이 옳습니다. 그래야 나와 내 가족, 내 이웃의 건강을 지킬 수 있으니까요. 먹을거리를 어떻게 구하느냐, 다시 말해 먹을거리를 어떤 방식으로 구하느냐에 따라 완전히 다른 경제생활과 다른 삶을 꾸리게 되어 있습니다. 삶에 있어서 먹을거리에 대한 태도는 무척 중요합니다. 생명을 살리는 먹을거리에 가치를 둔 삶인가 아닌가에 따라서 매우 다른 삶을 살게 되니까요.

죽은 땅에서
자라는 생명들

우리가 먹는 음식은 어디에서 만들어질까요? 바로 자연입니다. 공장에서 만들어지는 가공식품들의 재료도 역시 논과 밭, 산과 바다에서 오지요. 한 가지 안타까운 점은 갈수록 생산성을 중요시하다 보니 몸에 해로운 여러 화학 약품들이 남용된다는 거예요. 농사만 해도 그렇습니다. 농사로 생계를 이어가는 전업농가는 대부분 화학 비료와 농약을 사용합니다. 제초제, 살충제 등은 잡초와 해충의 피해를 덜어 작물의 성장을 돕지만 단점도 있습니다. 지금 당장은 수확량을 늘릴 수 있지만 작물의 면역력을 떨어뜨리고 땅이 망가져 결과적으로는 생산성이 떨어집니다.

농부들도 그 사실을 잘 알고 있습니다. 때깔 좋은 상품이 잘 팔리다 보니 어쩔 수 없다고 말하지요. 최근에는 이러한 화학 비료나 농약의 유해성이 많이 알려져 소비자의 인식도 달라졌다고는 해요. 그래도 여전히 광범위하게 쓰이고 있는 게 현실입니다. 막연하게 나쁘다는 건 알지만 어디에 어떻게 안 좋은지 구체적인 정보도 찾기 어렵고요. 우리나라만 해도 이를 제대로 알려 주는 기관이 없습니다. 농약이 어떤 성분으로 만들어졌는지 알 길이 없습니다. 농사지을 때 농협 자재상이나 종묘상, 농업기술센터 등의 도움도 받는데 여기서도 씨앗이나 모종과 함께 농약을 팔거나 사용을 권장합니다. 그러니 별 문제의식 없이 사서 쓰게 되는 것이죠.

농약은 인체에 치명적입니다. 그런데 농약을 뿌릴 때 보통 방독면을 잘 안 쓰지요. 살포 과정에서 호흡기나 피부를 통해 농약이 스며들게 돼요. 그래서 농약을 치고 나서 헛구역질이 나고 목덜미와 손목 등에 발진이 일어나는 사례가 많습니다. 심한 경우 죽음에 이르기도 하지요. 그만큼 해롭다는 거예요. 뿌리와 잎을 통해 축적된 농약 성분이 나중에 우리의 입을 통해 들어올 수도 있어요.

농약은 땅도 망가뜨립니다. 보통 건강한 땅에서는 흙 1그램에 미생물이 1억 마리 이상 산다고 합니다. 그런데 농약을 치면 미생물이 살기 힘들어져요. 땅속 미생물은 농사에 중요한 역할을 하는데 유기물을 분해해서 작물이 먹을 수 있는 무기물로 만듭니다. 농약을 쳐서 미생물이 죽고 유기물 분해가 제대로 안 되는 땅에서는 작물이 제대로 못 자랍니다. 농부들은 이런 땅을 '죽은 땅'이라고 합니다. 예로부터 농사를 지어온 우리나라는 땅의 힘을 북돋는 것을 매우 중요하게 생각했습니다. 그래서 정성껏 퇴비를 만들어 땅에 주었지요. 그러다 산업화 시기 식량 증산 정책에 따라 화학 비료와 농약을 사용하게 되었습니다. 덕분에 생산량은 늘어났지만, 결과적으로 과거에는 정부 차원에서 농약, 화학 비료, 비닐 등을 권장했습니다.

생산량을 늘리는 게 농사의 주요 목적이었으니까요.

'녹색 혁명'이라는 이름으로 진행된 이러한 농사 방식은 단기적으로는 성공했지만

생태계를 파괴하는 역효과를 불러왔습니다.

1976년 자동 분무기를 이용한 농약 살포 모습.

땅이 망가져 버렸어요. 화학 비료로 키운 작물은 영양분도 부족합니다. 퇴비에는 당연히 들어 있는 수십 종의 미량 원소가 화학 비료에는 없기 때문입니다. 그러니 화학 비료를 먹고 자란 작물이 건강할 리 없겠죠.

화학 농법에서 화학 비료와 농약은 하나의 세트 메뉴와 같습니다. 어느 한 쪽만 사용하기가 어려워요. 화학 비료를 주면 작물은 크게는 자라지만 균형잡힌 영양분 공급이 잘 안 되기 때문에 면역력이 약해집니다. 그래서 병해충을 막으려고 농약을 쳐야 하는 거예요. 그리고 작물이 병해충에 약해지는 데는 땅을 덮는 비닐도 한몫합니다. 비닐 때문에 땅속 미생물이 숨을 제대로 못 쉬게 되면 활력이 떨어집니다. 미생물의 활력이 떨어진 곳에서 작물은 병해충 피해를 입기 쉽습니다. 이래저래 농약을 뿌릴 수밖에 없게 되지요.

'녹색 혁명'이라는 이름으로 진행된 이러한 농사 방식은 단기적으로는 성공했지만 생태계를 파괴하는 역효과를 불러왔습니다. 농사가 단순한 돈벌이로 전락하면서 '생명 살이'라는 중요한 역할이 사라지고 있습니다.

또한 이러한 농사법은 석유의 소비를 부추겼습니다. 무슨 말인지 이해가 잘 안 가지요? 농사에 쓰이는 화학 비료와 농약 뿐 아니라 비닐, 농기계 등 농사 전반에 걸쳐 석유가 사용되기 때문입니다.

일례로 비닐하우스에서 재배하는 딸기를 보겠습니다. 농부는 석유로 만든 비닐로 하우스를 만들고 비닐로 흙을 덮습니다. 석유 에너지를 이용해 만든 화학 비료로 딸기를 키우고 석유로 만든 농약을 뿌려줍니다. 또, 겨울철 실내 온도를 높이기 위해 석유를 연료로 사용합니다. 석유로 움직이는 농기계로 딸기밭을 관리하고 석유로 움직이는 냉장 트럭에 수확한 딸기를 실어 보냅니다. 하나의 딸기가 우리 가정에 전달되기까지 얼마나 많은 석유가 소비되는 걸까요? 석유 없이는 안 되는 농사, 이쯤 되면 현대의 농사법은 '석유 농법'이라 불릴 만합니다.

화학 비료와 농약을 사용하는 화학 농법은 자연과 대립하고 사람을 병들게 했습니다. 지금이라도 땅과 사람을 살리는 농사법으로 전환해야 합니다.

알아 두기

유기물
생명체를 구성하며 그 배설물도 유기물에 해당한다. 대표적인 유기물로 탄수화물, 지방, 단백질 등이 있다.

무기물
유기물을 제외한 물질을 가리킨다. 유기물을 태울 때 남는 재(ash)의 주성분이다.

'과학적인 농사'의
이면

생명 과학이라는 말을 들어보았나요? 앞으로 유망한 분야라고 소개되고 있지요. 실제로 생명 과학은 우리 생활에 많은 변화를 가져왔습니다. 그러나 부작용도 많았지요. 농사 영역에서는 대표적으로 GMO(유전자 조작 작물, genetically modified organism)를 꼽을 수 있습니다. 특히 GM종자는 인간이 인위적으로 유전자를 조작해서 만든 씨앗이에요. 이를 개발한 업체에서는 안전하다고 주장하지만 그렇게 믿는 사람들은 많지 않습니다. 아직 검증되지 않았을 뿐이라고 생각하지요. 실제로 유럽 연합 같은 곳에서는 지엠오에 대한 규제를 강화하고 있어요.

  미국 일리노이 주의 한 농가에서 있었던 일입니다. 이 지역은 철새 기러기 떼의 공격이 심했는데, 농장 주인이 보니까 유전자 조작 콩과 일반 콩의 피해가 서로 다른 거예요. 첫해는 별 차이가 없다가 갈수록 일반 콩의 수확량이 떨어졌습니다. 원인을 보니 기러기 떼가 유전자 조작 콩은 건드리지도 않은 거예요. 이걸 어떻게 해석해야 할까요? 인간은 유해하지 않다고 주장하는 콩을 기러기들은 왜 먹지 않은 걸까요?

우리나라는 유전자 조작 작물을 엄청나게 많이 수입하고 있습니다. 2014년 이후 세계에서 손꼽히는 수입국이 되었어요. 하지만 정부는 어떤 기업이 얼마나 수입하고 있는지 공개하지 않고 있어요. 심지어 식품에 GMO 표기조차 제대로 하지 않습니다. 소비자들은 유전자 조작 원료로 만든 건지 아닌지 알 수도 없어요. 이런 유전자 조작 작물을 돈 많은 대기업들이 수입해서 식품의 원료로 쓴다는 사실을 어떻게 받아들여야 할까요? 국민 건강과 안전 차원에서 걱정이 아닐 수 없습니다.

그러나 이러한 우려에도 유전자 조작 기법은 발전을 거듭하고 있습니다. 제초제 '라운드업'을 개발한 몬산토라는 다국적 기업은 20여 년 전 그 제초제에 강한 유전자 조작 씨앗을 개발했습니다. 그러곤 제초제와 유전자 조작 씨앗을 함께 묶어서 팔지요. '라운드업'이라는 제초제는 '라운드업 레디'라는 유전자 조작 작물을 제외한 나머지 풀을 죽입니다. 개발사로서는 씨앗도 팔고 약도 파는 획기적인 상품인 셈이지요. 덕분에 몬산토는 전 세계 유전자 조작 콩과 옥수수 시장의 90퍼센트 이상을 점유합니다. 문제는 그 후에 벌어져요. 세월이 흐르고 '라운드업'에 내성이 생긴 '슈퍼 잡초'가 등장합니다. 이 풀은 아무리 제초제를 뿌려도 죽지 않아요. 생명의 진화란 참으로 놀라운 일이지요. 수십 년을 팔아 온 제초제가 무용지물이 됩니다. 제조사에서 이를 두고 볼 리 없겠죠? 2016년 가을, 몬산토를 인수한 바이엘이라는 기업은 '라운드업'보다 독성이 더 강한 제초제와 이에 견디는 새로운 유전자 조작 씨앗을 개발 중이라고 합니다.

유전자 조작 기법은 식물 자체의 유전자를 변형하는 데 그치지 않습니다. 다른 종의 유전자를 결합시키기도 해요. 예컨대 잎을 갉아먹는 애벌레를 없애기 위해 세균 유전자를 끼워 넣은 새로운 작물을 만듭니다. 토양 미생물의 일종인 BT균(Bacillus thuringiensis)은 애벌레의 소화 기관에 구멍을 내서 죽게 하는데, 여기에 착안해서 이 균의 유전자를 옥수수나 면화의 유전자 안에 투입시킨 종자가 개발되었습니다. 아무 생각 없이 옥수수잎을 갉아먹던 애벌레는 죽게 되고 수확량은 늘어나겠지요. 이걸 개발한 기업은 매출이 올라 좋겠지만, 생각해 보세요. 식물의 몸에 동물의 유전자를 넣는 이런 기술이 발전하다 보면 나중에는 거꾸로 사람 몸 안에 식물 유전자를 넣을 수 있다는 건데, 이 얼마나 끔찍한 일인가요?

물론 예전에도 농부들은 선발 육종이라고 해서 우량종을 골라서 작물을 재배하거나 접붙이기를 하는 방식을 사용했습니다. 지역마다 토양과 기후에 맞는 품종을 개량했지요. 그리고 오랜 세월 동안 사람이 이 품종에 적응해 왔어요. 그러나 이제는 유전 공학을 앞세워 생명의 본성 자체를 바꾸는 식으로 가고 있어요. 안전성이 검증되지 않은 이러한 방식이 미래에 어떤 결과로 돌아올지는 아무도 장담할 수 없습니다.

유전자 조작 작물은 식품은 물론 동물 사료로도 쓰입니다. 한 실험에 의하면 유전자 조작 작물로 만들어진 사료를 먹은 동물에게 명백한 독성 신호가 나타났다고 해요. 특히 간과 콩팥의 기능 그리고 면역 반응에서 현저한 장애가 있었다고 합니다. 그럼에도 유전자 조작 작물의 안전성을 옹호하는 사람들은 아직 인간에게 특별한 이상 반응이 없었다는 점을 근거로 들어요.

유전자 조작 작물의 천국이랄 수 있는 미국은 식품의약품안전청(FDA)에서 유전자 조작 작물에 대한 법적인 안전성 평가를 따로 하지 않습니다. 외려 유전자 조작 작물은 비유전자 조작(non-GM) 작물과 "잠재적으로 대등하다"는 기업 쪽 말만 믿고 규제를 완화하고 있지요. "잠재적으로 대등하다"는 게 무슨 말일까요? "아직은 다른 작물과 다를 바 없다"는 얘기입니다. 하지만 '잠재적 위험'에 대비해 안전성 검사를 의무화해야 한다는 게 많은 사람들의 주장입니다.

유전자 조작 작물에 대한 유해성이 아직 명확하지 않다는 옹호론자들의 의견을 받아들인다 해도 문제가 없어지는 것이 아닙니다. 유전자 조작 작물 대부분은 특정 농약에 견디도록 변형됩니다. 남아메리카의 유전자 조작 콩 재배 지역에서 유전병과 암 발생률이 급격히 증가하고 있는데 그 원인이 바로 함께 사용한 살충제 때문이라고 합니다. 아까 이야기한 BT균의 유전자를 끼워 넣은 작물도 부작용이 만만치 않습니다. 애벌레가 이 작물을 먹으면 죽어야 하는데 갈수록 내성이 생기면서 효과가 줄고 있다고 해요. 외려 더 강력한 '해충'이 생겨요. 그리고 연구에 의하면 해당 독소가 해충에만 작용하는 게 아니라 인간에게도 알레르기 반응을 일으킬 수 있다고 합니다.

유전자 조작 기술의 한계가 점점 드러나고 있는 거예요. 그래서 요즘은 기능성 작물을 개발하는 쪽으로 방향을 돌리고 있다고 합니다. 예컨대 껍질을 깎아서 공기 중에 두어도 색이 변하지 않는 사과, 비타민이 풍부한 곡식처럼 원래 없던 기능을 추가하는 거예요. 인간에게 편리하고 이롭겠다 싶다가도 꼭 그렇게까지 해야 하는지 의구심이 듭니다. 이런 식으로 생명을 교란시켰을 때 생태계가 받을 악영향을 생각하면 걱정이 앞서지요. 과연 인간에게 그럴 권리가 있을까요? 윤리를 배제한 '순수 과학 기술'이란 얼마나 위험한 존재입니까?

자연과 사람을 살리는
농사

우리나라는 산업화 시기가 되면서 생산성을 높이기 위해 대대로 전해오던 농법 대신 화학 농법을 권장해 왔습니다. 그래서 지금은 화학 농법이 주류 농사법이라고 할 수 있어요. 그런데 화학 농법이 정말 효율적일까요? 한번 따져 보겠습니다.

밭에서 감자를 키운다고 가정하지요. 봄이 되었습니다. 농부는 밭에 화학 비료를 고루 뿌립니다. 그러곤 기계로 흙을 밀가루처럼 곱게 갈아엎은 후 두둑과 고랑을 만들지요. 산등성이처럼 이어진 두둑에 이불처럼 비닐을 길게 덮어 줍니다. 여기에 일정한 간격으로 구멍을 내고 씨감자를 심어요.

우선 비닐 밑의 흙을 살펴보지요. 고운 흙은 덩어리진 흙에 비해 공기를 적당히 품고 있어서 유기물이 잘 분해되고 양분 상태도 좋습니다. 하지만 시간이 흘러 유기물이 어느 정도 분해되면 미생물은 먹이가 부족해져 활력을 잃게 되지요. 그렇게 되면 흙 입자끼리 달라붙어서 땅이 단단해지고 물과 공기가 드나들기 어렵게 됩니다. 비닐로 덮인 부분은 비가 와도 물이 잘 스미지 못하게 되고요. 그래서 별도의 물 공급 시설을 갖추어야 합니다. 이 대목에서 또 필요한 게 바로 화학 비료인데요. 부족한 유기물을 화학 비료가 대신 공급해 주는 역할을 합니다. 화학 비료는 많은 양분 흡수가 가능해 작물이 마치 성장 촉진제를 맞은 것처럼 쭉쭉 자라게 되지요. 문제는 이걸 먹고 자란 작물은 질소질이 풍부한 반면 조직이 약해서 벌레들이 아주 좋아한다는 겁니다. 질소는 벌레들에게 필요한 단백질을 만드는 데 필수적인 성분이에요. 이때 꼬이는 벌레들을 막으려면 토양 소독제, 살충제 같은 농약이 필요합니다. 이런 화학 물질은 벌레만 죽이는 게 아니라 땅과 인체에도 축적이 되어 치명적인 해를 끼칩니다.

그 결과 어떻게 될까요? 감자밭의 흙은 미생물의 활동이 약해져 활력이 많이 줄어듭니다. 잔류 농약도 남게 되고요. 땅심(땅의 기운과 활력)이 떨어진 밭은 갈수록 생산성이 떨어질 테고 농부는 더욱 화학 비료와 농약에 의지하게 되겠지요. 악순환이 시작되는 겁니다. 나중에는 아무것도 키울 수 없는 황무지가 되기 십상이에요. 바로 화학 농법의 한계입니다.

이러한 폐해를 극복하고자 제안된 것으로 '자연 농법'이 있습니다. 이는 거름을 주지 않고 화학 비료나 농약도 쓰지 않으며 땅을 갈아엎지 않고 자연 그대로 자라도록 놔두는 농사법입니다.

자연 농법의 기본은 논밭의 표면에 있는 흙, 즉 '표토'(表土)를 가만히 두는 것입니다. 삽이나 기계로 갈거나 하지 않아요. 비료도 뿌리지 않습니다. 풀을 뽑지도 않지요. 세상에 '해충'이나 쓸모없는 '잡초'는 없다는 게 이 농사법에 깔린 생각입니다. 내게 도움이 되면 이로운 것, 그렇지 않으면 나쁜 것으로 판단하는 이분법은 인간 중심의 해석일 뿐이라는 거지요.

자연 농법으로 농사를 지으면 흙에서 사는 다양한 생명들이 인간에 의해 방해받지 않고 서로 돕는 순환의 삶을 살아가게 됩니다. 식물은 뿌리를 통해 삼출액이라고 하는 당분을 배출하는데 이것은 광합성의 결과물로 흙 속에 있는 수많은 박테리아의 중요한 먹이가 되지요. 인간의 눈에는 별것 아닌 것 같지만 땅속 생명들에게는 아주 중요한 양분이에요. 뿌리 근처에서 박테리아가 번성하면 이들을 먹이로 삼는 더 큰 박테리아나 선충(線蟲)뿐 아니라 곰팡이 같은 사상균(絲狀菌), 토양 박테리아의 일종인 방선균도 많아집니다. 이들은 땅속 작은 벌레들의 좋은 먹잇감이에요. 그 위로 더 큰 벌레나 지렁이, 개구리, 두더지, 새 등이 먹이그물을 이루지요. 이처럼 땅속 생태계는 식물의 뿌리가 주는 삼출액을 시작으로 무수히 많은 생명이 순환하게 됩니다. 자연 농법은 이를 존중하고 그 안에서 인간의 먹을거리를 찾고자 하는 것이에요. 자연을 인간의 소유물이 아닌 인간이 살아가야 할 큰 집으로 봅니다.

그리고 화학 농법의 폐해를 극복하는 농사법으로 우리에게 친숙한 '유기농법'이 있습니다. 유기물로 거름을 주는 농사법입니다. 음식물 찌꺼기나 가축의 똥을 톱밥, 왕겨 등과 섞어 삭힌 후에 거름으로 쓰지요. 땅에서 나온 유기물을 다시 땅으로 되돌려 준다는 의미에서 '생태 순환' 농법이라고도 합니다.

요즘 많이 쓰이는 '친환경 농법'이라는 말은 이보다 좀 더 범위가 넓습니다. 화학 비료와 화학 농약 대신 친환경 비료와 친환경 농약을 사용하는 농사를 뜻하지요.

먹을거리는
생존이다

현대 사회는 자연과 인간이라는 이분법에 익숙해져 있어요. 사람들은 자연을 개발이나 정복의 대상으로 생각합니다. 결국 환경 오염으로 인간의 생존 자체가 위협받는 상황에 이르러서야 잘못을 깨닫게 되지요. 자연이 얼마나 소중한 것인지 알게 되고요. 하지만 자연과 인간이라는 이분법은 여전히 강하게 남아 있습니다. 무분별한 개발에 반대하는 환경주의에서도 이분법을 발견할 수 있습니다. 숲을 보호한다는 이유로 숲에 살고 있던 원주민을 내쫓는 것이 대표적인 사례예요. 자연을 보호하려면 사람이 없어야 한다는 생각은, 반대로 사람이 살려면 자연을 정복해야 한다는 생각과 다르지 않습니다. 사람도 자연의 일부라는 공생의 관점에서 봐야 해요.

생태계의 순환을 거스르지 않는 농사는 장점이 많습니다. 당장 생산량은 줄어들겠지만 좀 더 오랫동안 건강한 농작물을 수확할 수 있겠지요. 이를 전 세계에 적용하면 어떻게 될까요? 엄청난 변화가 있을 겁니다. 지금은 독점 기업 몇 군데에서 단일 작물을 대량으로 생산해서 전 지구적으로 유통하는 시스템이에요. 그래서 이익을 극대화하려는 기업 속성상 유전자 조작 작물이나 화학 농법에 기댈 수밖에 없습니다. 그런데 만약 농작물을 싼값에 외국에서 들여오는 대신 지역 공동체에서 생산하고 소비하는 방식으로 간다면 어떻겠어요? 굳이 화학 농법을 사용하지 않아도 되겠지요. 환경에도 좋은 영향을 미칠 겁니다. 한 군데서 생산된 곡물을 세계로 실어 나르는 동안 발생하는 이산화탄소 발생량도 줄어들 테고 환경 오염도 완화되겠지요. 어쩌면 농산물 가격이 내려갈지도 모릅니다. 지금처럼 독점 기업이 곡물 시장을 쥐락펴락하지 못할 테니까요.

오늘날 우리나라의 식량 자급률은 26퍼센트로 경제협력개발기구(OECD) 34개 회원국 중에서 최하위에 속합니다. 그나마 쌀을 포함하면 좀 나은 편이고, 쌀을 제외하면 세계 130여 개국 중 한국의 밀·콩·옥수수 등 3대 곡물 자급률은 1.6퍼센트로 하위 16번째에 불과합니다. 반면 미국이나 유럽 국가들은 식량 자급률이 높은 것은 물론 세계 식량 시장을 장악하고 있다고 해도 과언이 아닐 정도예요. 우리로서는 생존의 필수 조건을 다른 사람 손에 맡겨 놓는 셈입니다. 휴대전화, 자동차 팔아서 돈을 벌고 먹을거리야 싼값에 수입하는 게 남는 장사라는 기업적 사고방식이 팽배해 있어요. 하지만 다른 건 몰라도 우리 먹을거리는 우리가 지켜야 합니다. 이를 위해서 식량 자급률을 높이는 노력이 필요합니다. 갈수록 식량 문제가 심각해지는 상황에서 식량 주권은 매우 중요한 문제가 될 테니까요.

오늘날 우리나라의 식량 자급률은 26퍼센트로

경제협력개발기구(OECD) 34개 회원국 중에서 최하위에 속합니다.

그나마 쌀을 포함하면 좀 나은 편이고, 쌀을 제외하면

세계 130여 개국 중 한국의 밀·콩·옥수수 등 3대 곡물 자급률은

1.6퍼센트로 하위 16번째에 불과합니다.

세계 곡물 시장은 불안정합니다. 인구는 계속해서 늘지만, 지구 온난화 등 기후 변화로 식량 생산량은 들쭉날쭉합니다. 게다가 몇몇 다국적 기업이 식량 생산을 독점하고 있어 언제든 가격이 폭등할 위험성이 있어요. 밥상 경제를 무시하고는 진정한 발전을 이룰 수 없어요. 밥 대신 자동차나 휴대전화를 먹을 수는 없잖아요. 먹고사는 일부터 확실하게 챙겨야 합니다.

그러려면 우선 농사지을 땅을 확보해야 해요. 논밭이 있던 자리에 아파트가 들어서는 지금의 현실 속에서 가뜩이나 부족한 땅마저 하나둘 힘을 잃어가는 걸 어떻게든 막아야 합니다. 사람의 몸은 음식으로 만들어지고 그 음식은 흙에서 나옵니다. 농사를 산업으로, 돈벌이 수단으로, 이윤 추구의 도구로 삼는 경제에서 벗어나서 먹을거리가 곧 생명이라는 발상으로의 전환이 필요합니다.

'도시'라는 이름의 대식가大食家

우리나라는 도시 국가입니다. 인구 대부분이 도시에 살고 있지요. 2013년 기준으로 우리나라 도시화율은 90퍼센트가 넘습니다. 인구가 도시로 몰리면서 농사지을 땅을 없애고 그 위에 아파트를 짓고 도로를 놓았습니다. 그러면 또다시 사람들이 몰려들고 도시는 더욱 커지고 그럼 농지는 더 줄어들고, 그러면서 지금의 황량한 도시 풍경이 만들어졌지요. 다른 나라도 사정은 비슷합니다. 전 세계 인구의 절반이 도시에 살며 전체 에너지의 75퍼센트를 도시가 소비합니다.

그러면 대체 그 많은 도시 사람들은 무얼 먹고 살까요? 멀리 시골에서 키운 먹을거리나 외국에서 수입한 농작물을 사서 먹습니다. 강원도 배추나 제주도 귤, 호주산 쇠고기나 칠레산 포도를 먹지요. 그런데 여기에는 노력과 비용이 소요됩니다. 도시 사람들에게 먹을 것을 대려면 농부들이 열심히 일해야 하지요. 생산물을 도시로 나르는 과정에도 일손이 필요합니다. 이는 도시를 유지하는 밑바탕이 됩니다.

역사적으로 도시의 운명은 먹을거리에 의해서 좌우되어 왔습니다. 예컨대 '비옥한 초승달 지대'에서 뛰어난 관개시설로 문명의 꽃을 피웠던 고대 수메르의 도시들이 멸망한 것은 농사지을 땅이 사라졌기 때문이라고 합니다. 근대 공화정의 시작을 알린 프랑스 대혁명의 요인 중 하나로 프랑스 전역의 식량을 파리라는 도시를 중심으로 통제하려던 정책을 꼽기도 합니다.

오늘날 전 세계의 주요 도시에 먹을거리를 대기 위해 엄청난 비용이 소요됩니다. 특히 급증하는 육류 소비 문제가 심각한데요. 1인당 연간 124킬로그램의 고기를 먹어 치우는 미국을 필두로 중국은 1962년 4킬로그램이던 1인당 소비량이 2005년 60킬로그램으로 무려 15배나 증가했습니다. 아시다시피 중국은 인구 대국이에요. 앞으로 얼마나 더 많은 고기를 생산해야 할지 짐작하기도 어렵습니다. 문제는 고기 생산에 들어가는 환경 비용이에요. 예컨대 소 한 마리를 키우려면 사람 한 명이 먹는 곡물의 11배가 필요하고, 쇠고기 1킬로그램을 생산하는 데 드는 물의 양은 보리 1킬로그램을 생산하는 데 들어가는 양의 약 1000배에 달합니다. 이러다가는 사료용 작물을 키울 땅과 물이 턱없이 부족할 거예요. 오늘날 먹을거리 확보는 전 지구적 숙제가 되었습니다.

그럼에도 많은 사람들이 사태의 심각성을 깨닫지 못하고 있습니다. 이는 먹을거리 문제를 '웰빙'처럼 개인의 취향이나 건강 문제로 접근하기 때문이에요. 예컨대 비만을 육류 소비의 증가라는 사회적 맥락 대신 자기 관리를 소홀히 한 개인의 탓으로 봅니다.

그러나 비만은 먹을거리의 불평등 문제와 직결되어 있습니다. 예컨대 저소득층 아이들의 비만율이 높은 것은 부모가 맞벌이해야 하는 상황에서 아이들이 패스트푸드에 노출될 수밖에 없기 때문입니다. 그 친구들이 게으른 탓이 아니지요. 여기에는 기업형 농업과 대량 유통-소비-폐기 시스템이 한몫합니다. 돈을 목적으로 하는 기업이 종자와 농자재는 물론 동네 슈퍼마켓까지 점령했기 때문입니다. 건강한 먹을거리를 먹고 싶어도 쉽게 찾을 수가 없어요. 가난한 사람들이 값싼 유전자 조작 재료와 온갖 화학 물질로 범벅된 음식을 피해 가기가 점점 어려워지는 거예요.

사람들이 좁은 공간에 몰려 사는 도시는 스스로 식량을 생산하는 기능이 없습니다. 이는 생산-유통-소비가 분리되어 돌아가는 시스템을 낳았어요. 기업화된 농업은 좀 더 많은 이윤이 남는 먹을거리를 생산하는 데 주력하게 되었습니다. 이렇게 산업화·기업화된 농업은 환경 문제는 물론 먹을거리의 불평등을 심화시키고 있어요. 우리에게 따뜻한 한 끼 식사는 더 이상 소박한 일상이 아닙니다. 오늘날 먹는 일은 가장 사회적이고 정치적인 행위가 되었습니다.

도시에서
농사짓기

지금 이 순간에도 엄청난 양의 먹을거리를 해치우는 도시는 스스로 아무것도 생산하지 않습니다. 그래서 요즘은 도시에서 직접 먹을거리를 키우자는 목소리가 커지고 있습니다. 바로 '도시 농업'이 그것이에요. 그런데 사방이 콘크리트로 막힌 삭막한 도시에서 농사를 지을 수 있을까요? 대답은 "가능할 뿐만 아니라 꼭 필요하다"입니다. 지금부터 이유를 말씀드리지요.

　일례로 서울의 녹지는 25퍼센트에 불과합니다. 이로 인해 여러 문제가 생기는데 그중 하나는 도시가 갈수록 더워진다는 것입니다. 여러 요인이 있는데 우선 콘크리트나 아스팔트 같은 자재들이 흙보다 더 많은 열을 흡수합니다. 해가 쨍쨍한 날 뜨거운 도로 위를 걸어 본 사람은 이해가 갈 거예요. 높은 건물들은 바람의 흐름을 막아서 더운 공기가 빠져나가지 못하게 합니다. 이를 열섬(heat island) 현상이라고 해요. 각종 냉난방 시설들이 내뿜는 열기, 대기를 가득 채운 각종 오염 물질들도 한몫합니다.

이 문제를 해결하고자 건물 옥상에 녹지를 조성하기도 합니다. 일정 정도 효과는 있겠지만 근본적인 해결책은 못 돼요. 비용도 많이 들고요. 이때 도시 농업이 대안이 될 수 있어요. 인위적으로 녹지를 조성하느니 그 돈으로 농지를 만들자는 거예요. 예컨대 농사를 지을 수 있는 농업 공원을 조성하거나 시내를 벗어난 외곽 지역에 농지를 조성하면 비용도 적게 들고 효과도 큽니다. 도시에서 나오는 생활 유기물로 거름을 만들면 일거양득이지요. 도시에서 수확한 농작물로 먹을거리를 대니 수송에 드는 에너지와 이산화탄소의 발생량도 줄일 수 있습니다. 이처럼 자연적인 방식으로 먹을거리를 생산하는 농사야말로 도시화의 부작용을 줄이는 가장 좋은 방법입니다.

그런데 도시 농업은 보통 농사와 조건이 다릅니다. 공간적 한계가 있지요. 우선 땅이 부족합니다. 빌딩과 도로를 없애고 그 위에 농작물을 심을 수는 없으니까요. 그래서 대규모로 농작물을 기르는 대신 소규모의 분산된 형태로 농사를 짓습니다. 도시 농업의 목적은 생산량 증대가 아니라 '자급'에 있습니다. 내가 먹을 것은 내가 스스로 만든다는 것이지요. 자기가 직접 키운 채소를 오늘 식탁에 올리는 것 자체에 의미를 두는 것이에요. 별것 아닌 것 같지만, 이런 사람들이 점점 많아지면 어떻게 될까요? 멀리 해외에서 들여올 수입 농산물의 양이 줄어들겠지요. 우리 땅에서 나는 건강한 먹을거리에 대한 관심과 사랑은 더욱 커지고요. 도시 농부 여럿이서 서로 키운 작물들을 나누고 음식을 해 먹을 수도 있습니다. 이렇게 직접 키운 먹을거리는 건강에도 좋습니다.

　직접 농사를 지으면 생각도 달라져요. 작물이 커가는 과정을 지켜보면서 땀과 생명의 소중함을 깨닫습니다. 먹을거리를 살 때 조금 번거로워도 생산지를 확인하게 되고 조금 비싸도 유기 농산물, 친환경 농산물을 사게 됩니다. 동물 복지를 생각하는 축산물, '생명 살이'를 실천하는 먹을거리를 찾게 되지요.

　도시 농부는 팔려고 농사를 짓지 않습니다. 이윤을 남기고자 무리하지 않아도 되지요. 농약을 치고 화학 비료를 쓸 일이 없습니다. 작물이 못생겨도 벌레가 좀 먹어도 상관없어요. 오히려 내가 키운 작물이기에 더 정이 갑니다. 무심코 마트에서 농작물을 집어들 때는 몰랐던 것을 알게 되지요. 귀한 먹을거리이기에 낭비할 수 없습니다. 남기지 않고 깨끗하게 그릇을 비우게 되지요. 도시 농업은 국산 농산물의 소비를 촉진시켜 식량 자급률도 높이고 안전한 먹을거리를 확보하는 한편 생명과 자연을 바라보는 시각도 바꾸어 주는 훌륭한 방법입니다. 어쩌면 우리 삶을 통째로 바꿀 수도 있어요.

　게다가 먹을거리만 바꾸어도 성적이 향상된다는 놀라운 연구 결과도 있습니다. 영국의 패트릭 홀포드 박사는 한 초등학교에서 급식을 바꾼 후에 학생들의 성적이 좋아졌다는 연구 결과를 발표했습니다. 해당 학교는 친햄파크 초등학교로 가난한 지역의 학생들이 다니는 학교였습니다. 학업 성취도도 낮아서 끝에서 11번째였다고 해요. 패트릭 홀포드 박사는 실험을 위해 급식 메뉴를 바꾸어 튀김과 감자 칩, 햄버거 등 인스턴트 식품 대신 현미밥과 신선한 과일, 채소

도시 농부는 팔려고 농사를 짓지 않습니다.

이윤을 남기고자 무리하지 않아도 되지요.

농약을 치고 화학 비료를 쓸 일이 없습니다.

못생겨도 벌레가 좀 먹어도 상관없어요.

오히려 내가 키운 작물이기에 더 정이 갑니다.

위주의 제철 음식을 초등학교에 제공했습니다. 그리고 조리할 때 화학 조미료를 사용하지 않게 하였지요. 7개월 후에 아이들의 성적을 비교했더니 과목에 따라 과학은 14퍼센트, 영어는 15퍼센트, 수학은 21퍼센트까지 성적이 올랐답니다. 문제 행동도 줄었다고 합니다. 친구들끼리 싸우는 횟수도 현저히 줄고 열 번을 말해도 듣지 않던 아이들이 한 번에 척 알아듣더랍니다. 이 연구를 100퍼센트 신뢰하지 않는다 해도 건강한 먹을거리가 우리의 몸과 마음을 바꾼다는 점만은 확실하지 않을까요?

왜
도시 농업인가?

도시 농업의 유익함에 대해 구체적으로 살펴보겠습니다.

우선 도시 농업으로 음식물 쓰레기를 줄일 수 있습니다. 도시에서는 매일 엄청난 양의 음식물 쓰레기가 발생합니다. 이를 처리하는 과정에서 오염이 발생하지요. 예전에는 음식물 쓰레기를 바다에 버렸는데 해수 오염 때문에 지금은 땅속에 묻거나 태웁니다. 이때 발생하는 유해 가스와 지하수 오염을 막는 데도 상당한 비용이 들어가요.

음식물 쓰레기는 먹을거리의 생산과 유통, 가공, 조리 단계에서 생깁니다. 우리나라만 해도 하루 1만 3537톤, 연간 500만 톤에 달하는 음식물 쓰레기가 발생하고 있어요. 처리 비용만 1조 원 이상이 든다고 하니 어마어마하지요? 버려지는 먹을거리 양을 20퍼센트만 줄여도 연간 2000억 원의 처리 비용이 줄고, 에너지 절약 등의 부수적인 효과만으로도 5조 원에 달하는 경제적 이익이 생긴다고 합니다.

이에 대한 해결책은 무엇일까요? 바로 발생한 음식물 쓰레기를 그 자리에서 퇴비로 만드는 겁니다. 음식물 쓰레기를 퇴비로 재활용한다면 비용도 줄이고 환경도 살릴 수 있습니다. 농민들은 오래전부터 음식물 쓰레기를 퇴비로 썼습니다. 도시 농업이 활성화되면 도시에서 나오는 음식물 쓰레기를 퇴비로 만들어 쓸 수 있습니다. 만드는 방법도 어렵지 않아요.

음식물 쓰레기와 더불어 퇴비로 쓸 수 있는 것 중 또 다른 것이 바로 분뇨입니다. 아시겠지만 도시에는 엄청난 규모의 하수 처리 시설이 필요합니다. 이를 유지하려면 많은 돈이 들어가요. 그런데 만약 똥오줌 등을 퇴비로 만들어 쓴다면 이 비용 역시 절약할 수 있을 겁니다. 게다가 건강한 먹을거리를 만드는 데도 보탬이 돼요.

농사를 지을 때 사용하는 화학 비료 대부분은 질소를 주성분으로 합니다. 그래서 작물이 병충해도 많이 입고, 질산염이라는 독이 쌓여요. 또 흙에 축적된 염류가 지하수와 하천을 오염시키기도 합니다.

건강한 먹을거리를 만들려면 질소질과 탄소질이 적절하게 섞인 퇴비를 만들어 흙에 넣어 줘야 합니다. 퇴비가 되는 재료에는 작물을 살찌우는 게 있고 흙을 비옥하게 하는 게 있습니다. 앞엣것이 질소질 재료라면 뒤엣것은 탄소질 재료예요. 도시에서 쉽게 구할 수 있는 탄소질 재료는 바로 가로수 낙엽과 가지치기하고 남은 나뭇가지들이에요. 이를 모아 태우는 대신 퇴비로 활용하는 겁니다. 탄소를 대기 중으로 날려 보내는 대신 흙을 기름지게 하는 데 쓰면 지구 온난화를 막고 건강한 먹을거리도 얻는 일거양득의 효과를 볼 수 있지요.

두 번째로, 도시 농업으로 토종 종자를 보전하고 식량 주권을 지킬 수 있어요.

전 지구적으로 농사의 산업화가 가속화하면서 종자의 다양성이 위협받고 있습니다. 예컨대 지난 세기 동안 전 세계적으로 작물 종자의 4분의 3이 사라졌다고 해요. 전염병, 전쟁, 천재지변에 의한 기근과 흉년 등 여러 원인이 있지만, 산업화 이후에는 이윤을 목적으로 한 단일 종 재배와 유전자 조작이 주된 이유라고 합니다.

우리가 먹는 바나나를 볼까요? 마트에 전시된 바나나는 불임 종자입니다. 씨가 없어 상품성은 좋지만 자손을 퍼뜨릴 수 없는 종입니다. 접붙이기를 통해 동일한 유전자를 갖는 바나나를 전 세계에서 재배하다 보니 똑같은 병이 쉽게 번집니다. 곰팡이병에 취약한 이 바나나는 10년 안에 마트에서 사라질 거라고 합니다. 그런데 씨 있는 토종 바나나도 역시 사라지고 있어요. 씨 때문에 상품성이 떨어지는 이 바나나를 농장에서 재배하지 않기 때문이랍니다.

다른 품종도 마찬가지입니다. 오늘날 토종 종자를 재배하는 농부는 거의 없습니다. 벼를 비롯한 곡식 종자는 나라에서 관리하고 있어 그나마 다행이지만 그 외에는 대부분 외국 종자 회사가 개발한 씨앗을 사서 씁니다. 사용료를 내야 하는 거지요. 그런데 불임 종자이기 때문에 해마다 새로 사야 합니다. 예전에는 수확한 작물의 씨를 보관했다가 이듬해 봄에 뿌렸어요. 외국 종자 회사가 개발한 씨앗에서는 이게 불가능한 거예요.

게다가 이렇게 맞춤형으로 개발된 종자들이 토종 종자를 밀어내면서 종 다양성이 훼손되고 생태계를 교란시키고 있습니다. 만약 불임 종자들이 전 국토를 지배한다면 어떻게 되겠어요? 토종 종자들은 멸종하고 토종 종자를 먹고살던 동물들도 영향을 받겠지요. 비용도 문제예요. 외국 종자 회사들이 값을 큰 폭으로 올린다 해도 울며겨자 먹기로 사서 쓸 수밖에 없을 겁니다. 대안이 없으니까요. 그래서 토종 종자는 식량 주권과 맞닿아 있습니다. 그럼에도 전문적으로 농사를 짓는 농부들은 토종을 쓰기가 어렵습니다. 수확량에서 차이가 나니까요. 그러나 도시 농업에서는 이게 얼마든지 가능해요. 많이 수확해서 내다 파는 게 목적이 아니니 토종 종자를 피할 이유가 없습니다. 생산량은 적어도 맛이나 약성이 더 뛰어나고 병해충에도 강합니다. 내가 키워 먹을 작물이라면 이런 종자가 훨씬 좋지요. 도시 농업이 활성화된다면 종 다양성을 지키고 식량 주권을 확보하는데도 큰 보탬이 될 겁니다.

세 번째는 마을 공동체의 복원입니다.

공동체 해체는 산업화, 도시화의 특징입니다. 많은 사람들이 모여 살면서도 이웃의 얼굴도 모르는 게 현실이에요. 공동체가 파괴되면서 사회적 병리 현상이 만연합니다. 경쟁주의, 물질 만능주의, 생명 경시주의가 얼마나 팽배해 있습니까? 매일 방송에 나오는 끔찍한 사건들을 보면서 사람들은 불안과 절망을 느낍니다. 어쩌면 이는 숲과 흙에서 멀어진 인간의 숙명일지도 모릅니다. 자유롭게 뛰놀던 땅은 투기의 대상이 되고 아름답던 숲은 사라지고 그 위에 아파트가 들어섰습니다. 자연이 우리 삶의 신성한 터전이라는 사실을 외면한

대가를 치르고 있는지도 모르지요. 그렇다고 희망이 없는 것은 아닙니다. 공동체를 복원하려는 노력들이 여기저기에서 이어지고 있으니까요.

공동체의 기본은 밥상에 있습니다. 너나없이 모여 앉아 밥을 먹는 일, 즉 '밥상 공동체'의 회복이야말로 모든 공동체의 출발점이에요. 패스트푸드와 같은 기업식 먹을거리가 장악한 외식에서 벗어나 텃밭에서 직접 키운 채소를 먹으면서 이웃과 그 먹을거리를 나눈다면 어떨까요? 농사 경험은 그 자체로 삶에 충만함을 가져다줍니다. 생명의 경이로움을 직접 느끼고 땀 흘려 일한 보람도 찾을 수 있어요. 가족 간 대화가 늘고 이웃과 나누는 즐거움을 알게 합니다.

지금까지 도시 농업의 장점에 대해 알아보았는데요, 이 세 가지 장점만으로도 지금 당장 텃밭을 만들어야 할 충분한 이유가 되지 않을까요?

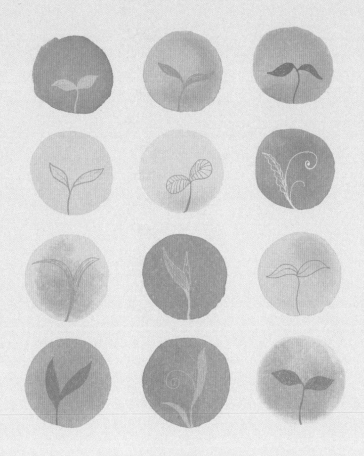

2장

순환의 고리를 잇는 생태 텃밭

흙은
생명 순환의 출발

여러분 혹시 비 오는 날 창밖을 보며 "엄마! 비는 왜 오는 거야?" 하고 물어본 적이 있나요? 누군가는 쓸데없는 소리 말고 공부나 하라는 핀잔을 들었을 수도 있고, 또 누군가는 땅에 있던 물이 수증기가 되어 하늘로 올라갔다가 다시 땅으로 내려오는 것이라는 구체적인 답을 얻었을 수도 있겠지요.

어린 시절엔 궁금한 게 많습니다. 세상 모든 것이 의문투성이지요. 그래서 끊임없이 질문을 던집니다. 그러면서 아침에 해가 뜨고 저녁엔 해가 지고, 밤하늘엔 달과 별이 보이고, 맑은 날의 하늘은 푸르고, 흐린 날은 회색 구름이 하늘을 덮고 있다는 것을 알게 되지요. 계절에 따라 싹이 나고 꽃이 피고, 그리고 열매와 씨앗을 맺는다는 것도 알게 됩니다.

그런데 우리가 먹고 있는 먹을거리는 어떻게 흙에서 자라는지 궁금하지 않으세요? 자, 답을 찾기 위해 논과 밭으로 한번 가 볼까요.

겨우내 머물던 찬 기운이 조금은 물러간 이른 봄의 들판, 아직은 코끝이 시리지만 내리쬐는 햇볕은 유난히 반짝이며 따스하게 느껴집니다. 초록이라고는 찾아볼 수 없는 빈 논과 밭에 농부들의 모습이 하나둘 나타납니다. 한 농부가 걸음을 멈추고 허리를 낮춰 지난해 심어 놓은 밀과 보리의 싹을 살피고 있네요. 뿌리에 바람이 들까 걱정하면서 흙을 밟아 줍니다. 그러곤 그 옆에 볏짚을 이불 삼은 마늘밭도 살핍니다. 살짝 들춰 보니 뾰족하게 싹을 틔운 마늘이 보입니다. 돌아오는 길에는 숲길에서 겨우내 땅에 딱 달라붙어 있던 냉이를 발견할 수도 있을 겁니다. 양지바른 곳이라면 하얀 솜털이 난 어린 쑥을 만날 수도 있겠지요. 죽은 것처럼 보이던 산과 들에 푸른 생명의 싹이 올라오는 것을 농부는 누구보다 먼저 알아챌 것입니다. 자연의 변화에 맞춰 씨를 뿌리고 거두는 일은 이 땅의 농부들이 수천 년 동안 해 왔던 일이에요. 그러면서 농부들은 자연의 흐름과 그 안에 깃들어 사는 생명을 이해하는 지혜를 얻게 되었을 테지요.

매년 농부들은 때를 맞춰 씨를 뿌립니다. 부모님을 따라서 밭에 가 보았거나 유치원이나 학교 등에서 텃밭 농사를 해본 친구는 알 거예요. 막 나온 떡잎을 보았을 때 느낌을 기억하나요? 흙을 헤치고 나온 초록 잎 말이에요. 볼수록 신기하지 않던가요? 아무것도 없는 줄 알았던 흙 속에서 곱고 여린 잎을 어떻게 틔웠을까요? 원래 씨앗에는 그런 능력이 있는 걸까요? 그냥 내버려두면 어디든 싹을 틔울 수 있을까요? 학교의 운동장 흙에서는 풀 한 포기 나지 않는가 하면, 길가의 콘크리트 갈라진 좁은 틈에서는 꽃까지 피우며 자라는 식물을 보면 그런 의문이 듭니다.

흙은 농사의 토대이자 생명 순환의 출발점입니다. 이 흙은 과연 어떻게 만들어졌을까요? 흙은 암석 즉, 돌이 오랜 시간 동안 풍화 작용에 의해 깨지고 부서져 생긴 작은 입자입니다. 그런데 입자가 작다고 해서 모두 생명을 키울 수 있는 흙은 아닙니다. 물론 입자가 작을수록 입자 표면에 더 많은 물과 양분을 붙잡을 수 있지요. 하지만 여전히 생명이 없는 무기물(無機物) 상태입니다. 그러나 그 입자들의 틈에 한 점의 유기물(有機物)이 깃드는 순간 흙의 새로운 역사가 시작됩니다.

유기물들은 흙 속으로 세균, 곰팡이 등의 미생물들을 불러들입니다. 이 유기물과 미생물들은 작은 벌레나 지렁이 등 다른 생명을 불러들이고, 땅강아지와 두더지 등도 살게 하지요. 이러한 다양한 생물들은 흙 속의 유기물을 먹고 배설하며 살아갑니다. 이 과정에서 흙 입자들을 적당히 뭉치게도 하고 흩어지게도 하여 생명이 살기에 좋은 구조로 만들어 줍니다. 자신은 물론 식물이 자라기에 적당한 물과 적당한 공기가 드나들 수 있는 크기의 흙 입자를 만들어 주는 것이지요. 그리고 식물은 흙 속의 무기 양분을 뿌리로 흡수하여 자라게 됩니다. 흙에서 식물이 잘 자라면 그 식물의 뿌리 근처에 또 수많은 미생물들이 모이면서 흙 속 먹이그물은 더욱 풍성해집니다. 우리가 땅 위에서 보는 먹이그물이 땅 속에도 존재하는 것이지요. 땅 위 먹이그물의 시작은 녹색식물입니다. 그리고 그 녹색식물을 잘 키워 내는 것은 바로 흙과 흙 속의 작은 생명들입니다. 먹이그물이 촘

촘할수록 땅 위의 생명도 땅 속의 생명도 안전하게 순환하며 살아갑니다. 그 생명에는 사람도 포함됩니다. 이러한 생명 순환의 이치를 아는 사람이 바로 농부입니다.

숲이나 밭의 흙과 식물이 자라지 않는 흙은 큰 차이가 있습니다. 겉으로 봐도 알 수 있어요. 우선 그 색깔이 다르지요. 식물이 잘 자라는 흙은 유기물이 많아 검은색에 가깝지만 유기물이 없는 흙은 밝은 갈색이 많습니다. 물론 어떤 암석이 부서져서 만들어졌는지에 따라 흙의 색이 다르긴 하지만요. 만져 봐도 느낌이 다릅니다. 숲과 밭의 흙은 보슬보슬하면서도 촉촉한 습기가 있는데, 식물이 자라지 않는 흙은 손안에서 부스러질 정도로 건조하거나 딱딱해요. 운동장이나 길처럼 사람들이 많이 다니는 곳의 흙은 단단하게 다져져서 식물이 자랄 수 없습니다. 흙 속에서 물과 공기가 순환해야 하는데 그럴 수 없기 때문이에요. 결국 흙을 토대로 생명이 살려면 흙에 물과 공기, 유기물이 순환해야 하는 것이지요.

숲은 누군가 돌보지 않아도 크고 작은 생물들이 어우러져 살아갑니다. 아름드리나무를 키워 내기도 하지요. 낙엽이 두텁게 쌓인 숲의 흙은 검은색이고 폭신폭신할 정도로 유기물이 많습니다. 그럼 농사를 짓는 흙은 어떨까요? 논과 밭에서 자란 작물은 숲과 달리 땅으로 돌아가지 않습니다. 수확한 작물은 시장으로 팔려 나갑니다. 그러다 보니 순환의 고리가 끊겨요. 다시 흙으로 돌아가야 할 유기물이 사라지면서 양분이 떨어집니다. 그래서 작물을 키울 수 있는 흙의 힘(땅심)이 약해지면 나중에는 농사를 지을 수가 없게 돼요. 그래

한번 생명이 자리 잡은 땅은 계속해서 생명이 번성하게 됩니다.

흙 속에 온갖 미생물과 지렁이, 작은 곤충 같은 생명들이 모여들지요.

그 위에서 자란 식물이 썩으면서 스스로 거름이 되고

이것이 다시 새로운 꽃과 나무를 키웁니다.

서 휴경(休耕)이라고 해서, 1~2년 정도 농사를 짓지 않는 경우가 있었습니다. 땅을 쉬게 둔 거예요. 대신 새로운 땅을 찾아 나섰습니다. 특히 과거 유럽에서 이런 일이 많았습니다. 하지만 전통적으로 농사를 지어 온 우리나라는 그런 일이 드물었습니다. 해마다 놀리는 땅 없이 자투리땅까지 꼼꼼하게 작물을 길러 먹었지요. 우리나라 농부들은 대대손손 같은 땅에서 농사를 짓고 살았습니다. 자연 상태라면 땅심이 떨어져 불가능했을 텐데 어떤 비법이 있었던 걸까요?

답은 바로 부족한 유기물을 인위적으로 보충해 주는 것이었습니다. 농사를 짓고 수확한 후 남는 줄기나 열매, 뿌리로 퇴비를 만들어 흙에 뿌렸죠. 주변의 풀과 낙엽, 음식을 만들어 먹고 남는 것들, 동물이나 사람의 똥과 오줌까지도 모두 흙으로 되돌려 보냈습니다. 숲속의 동물들이 그 안에서 살고, 먹고, 배설하고, 죽어 흙 속으로 돌아가 다시 식물을 키워 내면서 풍성한 숲을 유지하듯이, 농사짓는 땅도 순환을 계속하게 도와준 거예요. 이 땅의 농부들이 수천 년 동안 해 온 것이 바로 흙으로 유기물을 돌려보내 작물을 키워 내는 '순환의 농사법'이었습니다.

생명 순환의
과학적 원리

'생명의 순환'을 과학적 원리로 한번 살펴 볼까요. 탄소(C)와 질소
(N)는 유기체의 생명을 유지하는 데 중요한 두 가지 요소입니다. 간
단히 말하면 탄소는 힘을 내는 에너지원이고, 질소는 살이 되는 영
양원이에요.

여러분이 잘 아는 광합성은 녹색 식물이 태양 에너지를 이용하여
이산화탄소와 물을 유기물과 산소로 변환시키는 작용입니다. 탄소
를 에너지원으로 변환시키는 것이지요. 그렇다면 질소는 어떻게 영
양원으로 바꿀까요? 질소는 공기 중에 흔한 원소지만 바로 쓸 수는
없어요. 뿌리혹박테리아 등 미생물이 질소를 물에 녹는 화합물 형
태로 만들면 뿌리가 이를 흡수하여 작물의 몸체 안에서 아미노산
으로 합성합니다. 이렇게 스스로 에너지와 영양원을 만들어 살아가
는 생물을 '독립 영양 생물'이라고 합니다. 한마디로 다른 생물의 도
움 없이 스스로 살아갈 수 있는 생물이지요. 녹색 식물이 대표적입

니다. 한편 지구에는 다른 생물을 먹어야만 사는 생물이 있어요. 스스로 에너지와 영양을 만들지 못하니 그걸 외부에서 얻어야 합니다. 이를 '종속 영양 생물'이라고 해요. 인간을 비롯한 거의 모든 동물이 여기에 속합니다. 우리가 먹는 음식 대부분은 탄소를 함유하고 있는데, 이것은 우리가 숨 쉴 때 들이마신 산소와 만나 이산화탄소가 되고 그 과정에서 에너지를 만들어 냅니다. 마치 연료가 산소와 결합해 타면서 열을 내고 이산화탄소가 배출되는 것과 같은 이치입니다.

한 생명체가 생명을 다하면 미생물들의 먹이가 됩니다. 분해 과정을 통해서 이산화탄소로 배출되지요. 결국 동물이든 식물이든 땅속 미생물에 의해 분해되고, 이 물질은 다른 생물이 살아가는 데 필요한 재료가 되는 거예요. 이러한 자연 순환 과정에서는 탄소가 어떤 형태로 있느냐가 매우 중요합니다.

전 지구적으로 보았을 때 이산화탄소의 흡수량과 배출량이 거의 같아 총량이 일정하게 유지되는 데 이를 '탄소 평형'이라 합니다. 현재 지구 공기 중 이산화탄소의 농도는 0.03퍼센트의 비율로 존재해요. 지구 생성 과정에서 화산은 이산화탄소를 대량 방출하였고 많은 이산화탄소가 바다에 녹아들어가 탄산염을 만들었지요. 식물은 광합성 작용으로 이산화탄소를 붙잡고, 미생물이 생물 유체를 분해하면서 이산화탄소를 배출하며 식물 플랑크톤과 산호 유체가 탄소 성분을 껴안은 채 해저로 퇴적되는 등 다양한 생물학적 과정이 지구의 탄소의 순환과 평형에 관여해 왔던 거예요. 특히 지금보다 공기 중 이산화탄소 농도가 높았던 고생대 시절에는 동식물들이 화석화되면서 석유나 석탄 형태로 지각 안에 탄소를 붙잡아 두었는데 이는 지구의 탄소 평형 유지에 무척 중요한 역할을 한다고 해요. 그런데 이러한 평형 상태가 산업화로 말미암아 깨지기 시작합니다. 18세기 중엽 영국에서 시작된 산업 혁명 이후, 무분별하게 사용된 화석 연료 때문이에요. 석탄과 석유 사용의 급증으로 대기 중 이산화탄소 농도가 높아진 거지요. 거기에다 숲은 갈수록 줄어드니 이산화탄소를 줄일 방법이 없는 거예요. 대기 중 이산화탄소는 태양열을 붙잡아 두는 역할을 해서 지구 온난화의 원인이 됩니다. 현재 지구는 갈수록 더워지면서 바닷물도 따뜻해지고 극지의 얼음들이 녹는 바람에 수위도 높아지고 있습니다.

지금까지 화석 연료의 과다 사용으로 탄소 순환의 흐름에 이상이 생기면 지구 생태계에 어떤 영향을 미치는지 알아보았는데요. 이번에는 또 다른 주요 원소인 질소를 보겠습니다. 질소는 식물의 광합성에 관여하는 엽록소와 생명체의 필수 성분인 단백질을 구성하는 요소입니다. 이 질소는 지구 상에서 어떻게 순환하고 있을까요?

질소는 아주 흔합니다. 우리가 숨 쉬는 공기의 78퍼센트가 바로 기체 상태의 질소입니다. 그런데 이 기체 상태의 질소는 곧바로 영양분으로 사용할 수가 없어요. 분자가 아주 단단하고 안정되게 결합되어 있기 때문입니다. 번개가 치는 정도의 에너지가 있어야 분해되어 빗물에 섞여 지상으로 내려올 정도입니다. 몇몇 박테리아만이 질소 분자를 분해할 수 있는 효소를 갖고 있어요. 이들은 흙 속에 사는데 그중 농사와 가장 관련이 있는 게 뿌리혹박테리아입니다. 뿌리혹박테리아는 공기 중 질소를 분해해서 식물에 공급하는 역할을 해요. 대신 식물이 만든 당분을 공급받아 에너지원으로 삼지요. 뿌리혹박테리아는 특히 콩 같은 작물의 뿌리에 많이 서식합니다. 그래서 우리 조상들은 새로 밭을 일구면 첫 작물로 콩을 심어 땅을 기름지게 했어요. 여러 해 농사를 지어 땅심이 약해지면 이때도 콩을 심었고요. 우리 조상들은 뿌리혹박테리아를 눈으로 본 적은 없지만 경험을 통해 농사에 중요하다는 사실을 이미 알고 있었던 겁니다.

그러다 20세기 초에 대기 중의 질소를 곧장 농사에 활용하는 방법이 개발됩니다. 질소와 수소를 고온 고압으로 반응시켜 질소 비료의 원료가 되는 암모니아를 합성하는 데 성공한 거예요. 이제 미생물의 도움 없이도 작물에 대량으로 질소를 공급할 수 있게 됩니다. 질소는 생명체의 몸집을 키우는 역할을 해요. 질소 비료를 뿌린 작물들이 쑥쑥 자라면서 식량 생산량이 획기적으로 늘어납니다. 사람들은 환호했지요. 하지만 기쁨도 잠시 이 질소 비료가 가지는 문제점이 속속 드러납니다. 우선 생태계 측면에서 볼 때 이 비료는 땅속 미생물을 굶주리게 합니다. 공장에서 생산된 질소 비료는 무기물 덩어리이기 때문이에요. 전통적인 농사법에서는 똥오줌이나 식물을 잘 삭힌 유기물을, 즉 퇴비를 밭에 넣었습니다. 이걸 먹고 미생물들이 활동했는데 이제는 그럴 수가 없습니다. 또 흙 자체를 굳게 만들어서 땅속 생물들이 살기 어렵게 해요. 사정이 이렇다 보니 농사짓는 땅이 점점 생명력을 잃게 됩니다.

이뿐만 아니에요. 질소 비료는 땅속에서 쉽게 분리되어 물에 잘 씻겨 내려갑니다. 그러면 주변 물 환경에도 악영향을 미치게 되는데, 대표적으로 물속의 영양분이 많아지면서 급격하게 조류가 자라나는 부영양화(富營養化)의 원인이 되기도 해요. 간혹 뉴스에서 강물이 초록색으로 변해 버린 장면이 나오지요? 부영양화로 녹조가 비정상적으로 번식한 결과예요. 이로 인해 물속 산소가 줄면서 물고기들이 떼죽음을 당하기도 합니다.

순환 농사로 살린
쿠바 경제

1956년 미국의 지질학자 킹 허버트는 미국 내 석유 생산량이 1970년대 초반 최고점에 도달한 이후 감소하기 시작할 것으로 예측합니다. 실제로 미국의 석유 생산량은 그때 정점을 찍었어요. 이 최고점을 허버트 피크(hubbert's peak)라고 했는데 석유의 유한성을 최초로 경고한 주장이었어요. 낙관론자들은 아직도 잠재 매장량이 무궁무진하다고 주장하지만, 사람들은 점점 석유를 유한 자원이라고 인식하게 되었습니다.

오늘날 세계 각국은 화석 연료를 대체할 새로운 에너지원을 찾는 일에 나서고 있어요. 우리는 어떻습니까? 혹시 아직 위기를 실감하지 못하고 있는 건 아닐까요? 걱정은 되지만, '어떻게 되겠지.' 하는 마음이 있을 겁니다. 지금 당장 불편하지 않다고 해서 나와 상관없는 일로 여겨서는 안 됩니다. 물론 개인이 혼자서 노력한다고 해결될 문제는 아니지만 서로 힘을 보탤 수는 있지 않을까요?

화석 연료가 바닥난다면 어떤 상황이 벌어질까요? 실제로 비슷한 일을 경험한 나라가 있는데 바로 쿠바입니다. 쿠바는 1990년대 초 구소련이 붕괴하면서 그동안 받던 지원이 대부분 끊깁니다. 미국의 경제 봉쇄로 외국과의 교역도 어려운 상황에서 큰 어려움을 겪게 되지요. 그중 가장 큰 것이 바로 구소련에 의존하던 석유였습니다. 당장 에너지 의존도가 높은 대도시들이 타격을 입습니다. 석유가 떨어져 트럭이 멈추고, 농촌에서 재배한 먹을거리가 도시로 공급되지 못한 채 밭에서 썩어 가는 상황이 되었지요. 수도인 아바나에서는 굶어 죽는 사람들이 속출하는 사태가 벌어집니다.

우리나라도 그런 일을 겪은 적이 있습니다. 1970년대 전 세계적으로 석윳값이 갑자기 오르는 바람에 비상이 걸렸었지요. 이른바 '석유 파동'(oil shock)입니다. 이때도 가격이 올랐을 뿐이지 석유가 고갈되는 수준은 아니었습니다. 그럼에도 사회 각 분야에 미친 영향은 매우 컸지요. 여기저기서 에너지 절약 캠페인이 벌어졌습니다. 많은 이들이 이때를 기점으로 우리가 얼마나 화석 연료에 의존하고 있는지 잘 알게 되었지요.

다시 쿠바로 돌아가서, 쿠바는 이때의 위기를 '도시 농업'으로 해결하고자 했습니다. 1991년 '국가 비상사태'를 선포하고 대대적인 농업 개혁에 나서지요. 관행적으로 농약과 화학 비료에 의지하던 화학 농법을 포기하는 대신 퇴비와 적정 기술을 이용한 유기 농업을 대대적으로 보급합니다. 인구의 80퍼센트가 거주하고 있는 도시 지역의 아스팔트 위에 상자형 또는 화단형 농지를 조성하지요. 외부

충격에 의한 어쩔 수 없는 선택이었으나 이를 계기로 순환적인 농법이 개발, 보급되면서 쿠바의 수도 아바나는 대표적인 생태 도시로 거듭납니다. 이때부터 석유의 소비는 줄고 토양은 생명력을 찾아가지요.

2012년 현재 쿠바에는 1만여 개가 넘는 도시 농장과 텃밭이 있습니다. 한때 40퍼센트대에 머물렀던 식량 자급률도 거의 100퍼센트가 되었고요. 국민의 건강도 향상되었습니다. 질병 발생률이 30퍼센트나 낮아졌고, 영아 사망률은 세계에서 가장 낮은 수준이 되었다고 해요. 오늘날 쿠바는 유기 농법 선진국이자 도시 농업의 메카로서 전 세계적인 명성을 얻게 되었습니다. 우리나라를 비롯해 전 세계에서 견학을 갈 정도예요. 우리가 참고해야 할 훌륭한 모범 사례입니다.

다시 돌아오지 않는
빗물에 대하여

농부들은 매년 새봄을 맞으며 한 해 농사의 풍년을 기원하는 '시농제'(始農祭)를 지냅니다. 한해 농사의 풍흉이 날씨에 좌우되기에 '하늘'에 그 뜻을 비는 거예요. 때에 맞게 따뜻한 기운을 주고 때에 맞게 비를 내려 주고 때에 맞게 바람도 불게 해 주십사 하는 마음이지요. 그래야 한 해 동안 먹고살 곡식을 거둘 수 있으니까요. 그렇다고 해서 농부들이 하늘만 바라보고 있는 것은 아닙니다. 그들에게는 수천 년 자연과 함께 해온 지혜가 있지요.

논과 밭의 모습에서도 조상들의 지혜를 엿볼 수 있는데요, 경사진 땅은 등고선을 따라 일궈 계단식으로 농경지를 만들었습니다. 그러면 흙과 물이 허투루 흘러가 버리는 일이 없었지요. 논은 큰비가 올 때는 물을 가둬 두는 역할을 하니 어느 정도 홍수에 대비할 수 있었습니다. 물길이 있는 곳에는 작은 웅덩이들을 마련하여 가뭄에도 물을 이용할 수 있도록 했습니다. 논에 든 물에서는 우렁이와 개구리는 물론이고 미꾸리며 붕어까지 살았어요. 물을 가둬 벼를 기르는 논은 우리의 주식인 벼를 키워 줄 뿐만 아니라 수많은 생명이 깃들어 사는 곳이었지요.

물이 많이 필요한 작물로 오이가 있습니다. 우리 조상들은 오이를 키우는 데도 지혜를 발휘했어요. 기록에 의하면 밭에 항아리를 묻어 거기에 물을 채우고 그 주변에 오이를 심었다고 합니다. 항아리에 있던 물이 천천히 흙으로 스며들도록 했지요. 직접 물을 뿌리면 공기 중으로 날아가지만 항아리에 담겨 있으면 그럴 염려가 없었어요. 그래서 적당하게 수분을 공급할 수 있었습니다.

오늘날에는 하늘에 의존하는 천수답(天水畓)이 거의 없습니다. 크고 작은 저수지를 만들어 농업용수를 확보하기도 하고 지하수를 퍼서 쓰기도 합니다. 시설도 발전해서 스프링클러로 물을 뿌리거나 구멍 뚫린 관을 설치해 물을 공급하기도 하지요. 일일이 사람 손으로 물을 주지 않아도 되니 무척 편리합니다. 그런데 혹시 작물들도 이런 물을 좋아할지 궁금하지 않은가요? 사실 작물 입장에서는 빗물이 가장 좋습니다. 적은 양이긴 하지만 각종 영양소가 들어 있기 때문이에요.

비는 하늘에서 수증기가 뭉쳐서 만들어지는데, 이때는 순수한 물이지만 대기 중에 떠 있는 각종 물질이 빗방울에 녹아들어요. 성분 분석을 해보면 빗물에는 나트륨(Na)과 염소(Cl)가 가장 많고 이외 칼슘(Ca), 마그네슘(Mg), 칼륨(K), 황산기(SO_4^{2-}) 등이 들어 있습니다. 번개라도 치는 날에는 질소 성분이 추가되기도 해요. 말하자면 빗물

우리나라에서도 빗물을 이용하고자 많은 아이디어를 모으고 있습니다.

일례로 '빗물 저금통'이라는 것을 만들어 설치하도록

지방 자치 단체에서 지원하는 경우가 있어요.

빗물을 모아 두었다가 생활수로 사용하도록 돕는 장치입니다.

은 그 자체로 거름기가 있는 물이라고 할 수 있습니다. 자연히 작물들이 좋아하겠지요.

안타깝게도 빗물은 땅에 흡수되는 양보다 하천으로 흘러가는 양이 훨씬 더 많습니다. 이런 귀한 물을 그냥 흘려보내고 에너지를 들여서 맹탕인 물을 준다는 건 경제적으로도 비효율적이에요. 빗물을 모아 두면 쓸 곳이 많습니다. 작물을 키우는 것은 물론 정원에 물을 주거나 청소할 때도 쓸 수 있지요. 정수를 하면 훌륭한 음료수가 됩니다. 실제로 빗물을 식수로 사용하는 곳이 많이 있습니다. 물맛도 좋아서 사람들이 아주 좋아해요.

갈수록 물이 부족해지는 상황에서 빗물을 어떻게 활용할 것인지를 두고 세계 각국이 고민하고 있습니다. 독일과 미국 일부 지역에서 시행 중인 '빗물세'라는 게 대표적이에요. 말 그대로 '빗물을 흘려보내는 자'에게 부과되는 세금입니다. 보통은 땅에 스며들어야 하는데 아스팔트 등지에서는 그럴 수 없잖아요. 이렇듯 물이 스며들 수 없는 불투수(不投水) 면적에 비례해 빗물 처리 비용을 부과하는 겁니다. 예컨대 맨땅 위에 콘크리트 건물을 지으면 그 면적만큼 불투수 면적이 늘어나니 여기에 대해 세금을 매기는 겁니다. 반대로 아스팔트를 걷어내고 그 위에 텃밭을 일궜다고 하면 투수 면적이 넓어지니 그만큼 세금을 적게 매기는 식이지요. 만약 빗물을 흘려보내지 않고 저장하는 시설을 만든다면 빗물세는 없겠죠. 너무 심한 거 아니냐고요? 빗물 흘려보내는 게 무슨 죄도 아니고 말이죠. 하지만 사정을 알고 보면 그렇지도 않아요. 땅으로 흡수되지 못한 빗물 때문에 저지대가 침수될 수 있습니다. 누군가는 피해를 볼 수 있다는 얘기입니다. 온통 아스팔트, 콘크리트로 뒤덮인 도시에서 정말 필요한 제도인 것 같지 않나요?

우리나라에서도 빗물을 이용하고자 많은 아이디어를 모으고 있습니다. 일례로 '빗물 저금통'이라는 것을 만들어 설치하도록 지방 자치 단체에서 지원하는 경우가 있어요. 빗물을 모아 두었다가 생활수로 사용하도록 돕는 장치입니다. 특히 물이 부족한 지역에 설치하면 큰 효과를 볼 수 있지요.

사계절이
사라진다면?

농부들은 자연의 변화에 민감합니다. 언제 비가 내릴지, 아침저녁 기온은 어떤지, 날마다 살피게 되지요. 농부들은 농사 일지에 날씨를 자세하게 기록하기도 합니다. 그래서 최근의 기후 변화를 가장 잘 느끼는 사람들이 바로 농부일 거예요. 진달래꽃이 피면 볍씨를 담그고, 뻐꾸기가 울기 전에 참깨를 심는다는데 예년보다 일찍 진달래꽃이 보이고, 때 이른 뻐꾸기 소리가 들리면 마음이 급해지지요. 씨를 뿌려 놓았는데 온다는 비는 오지 않고, 감자의 씨알이 굵어질 때 마른하늘이 이어지면 농부의 마음도 바짝바짝 탈 테고요. 물을 대고 모내기를 해야 할 때는 말할 것도 없겠지요.

한편, 근래의 기상 이변은 가뜩이나 날씨에 민감한 농부들에게 근심거리를 안겨 주고 있습니다. 이제는 진달래나 뻐꾸기 등 자연의 변화를 달력 삼아 농사의 시기를 가늠할 수 없게 된 것입니다. 자연의 생물들도 유전자에 누적되어 있는 정보를 통해 환경의 변화를 알아차려 적응해 왔습니다. 그러나 지금의 기후는 이러한 생물들도 적응하기 어려울 만큼 변화가 급격합니다. 예컨데 꽃이 피는 시기가 들쭉날쭉해지지요. 보통 제주도를 비롯한 남쪽에서 북쪽 지방으로 올라오면서 차례로 꽃이 피고, 시기별로 피는 꽃도 정해져 있지만, 요즘은 기후 변화로 인해 제때 꽃이 피지 않는 일이 많아졌습니다. 예년보다 너무 일찍 봄꽃이 펴 다시 한파를 맞거나, 봄에 피었던 봄꽃이 가을에 다시 피어 화제가 되기도 합니다.

무엇보다도 농부들은 더워진 날씨를 걱정합니다. 밭에서 기르는 채소들 중에는 선선한 날씨를 좋아하는 것들이 있어요. 대표적으로 배추를 들 수 있는데 더운 여름철에는 해발이 높은 고랭지에서 기른답니다. 그런데 요즘은 고랭지조차 기온이 높아 배추 농사를 망치기도 합니다. 또한 예년보다 높아진 기온으로 전에 보이지 않던 벌레들도 기승을 부려 피해를 입기도 하지요. 농부들은 일기예보와 농사 정보에 더욱 귀를 기울이며 여러 가지 해결 방법을 찾느라 고심하고 있지요. 그러나 지구 온난화로 인해 변화된 환경에 대응하며 농사짓기가 어렵기만 합니다.

우리나라 기후가 점점 아열대성으로 바뀌고 있다는 말 들어 보셨나요? 나이 지긋한 어른들은 봄 가을이 짧아지고 여름이 길어졌다고 말씀하십니다. 이러다 '뚜렷한 사계절'이라는 말도 사라지는 건 아닐까요? 기후 변화는 농부들에게만 심각한 문제가 아닙니다. 여러분 '지구 온난화', '엘니뇨', '라니냐', '온실가스', '해수면 상승' 같은 말이 방송에 자주 등장하지요? 전 세계가 기후 변화에 촉각을 곤

두세우고 있습니다.

혹시 여러분은 30년 후를 상상해 본 적이 있나요? 그때의 지구는 어떤 모습을 하고 있을까요? 60년, 100년 후 인간의 모습은 어떻게 달라져 있을까요? 만약 지금처럼 화석 연료를 계속 사용한다면 지구는 더욱 더워질 것입니다. 해수면이 높아지고 몰디브 같은 섬나라는 물에 잠기게 되겠지요. 1000년 후라면 어떨까요? 육지 대부분이 물에 잠기게 되지는 않을까요? 그러면 인간도 여기에 맞추어 손가락 발가락 사이에 물갈퀴가 생기거나 물고기 같은 체형으로 진화할지도 모른다는 상상을 하는 친구들도 있을지 모르겠습니다. 그러나 그렇게 되도록 우리가 내버려두지는 않겠지요. 우리 인간들은 지혜를 모을 것입니다.

가장 현명한 해결책은 화석 연료의 사용을 줄이는 것입니다. 많은 사람들이 그 사실을 잘 알고 있기에 이를 위한 국제적인 노력이 이어지고 있습니다. 그런데 이게 말처럼 쉽지는 않아요. 한 사람 한 사람이 불편을 감수해야 합니다. 대표적인 화석 연료인 석유는 우리 생활의 근간을 이루는 에너지원입니다. 자동차, 비행기 등 교통수단을 움직이는 연료이자 우리가 입는 옷과 각종 생활용품의 재료이지요. 이뿐만이 아니지요. 먹을거리를 만드는 데도 사용됩니다. 비닐하우스 안에서 난방 기구를 사용해 온도를 조절하거나 수확한 작물을 교통수단을 통해 시장으로 이동시키지요.

여러분, 전기 없는 생활을 상상해 본 적이 있나요? 냉장고, 세탁기, 텔레비전, 전화기… 이 모든 것들은 전기로 작동합니다. 이뿐만

이 아니지요. 전기가 없으면 밤에 불을 밝힐 수도 없어요. 우리의 삶은 전기 없이 한순간도 유지할 수 없습니다. 그런데 이 전기 생산에도 화석 연료가 쓰여요.

문제는 화석 연료가 이제 고갈될 상황에 처했다는 거예요. 인간이 캐내 사용할 수 있는 석유의 매장량(가채 매장량)은 70년 정도라고 합니다. 지금 이 순간에도 엄청난 양의 석유가 쓰이고 있잖아요. 이대로 가다가는 현대 문명 자체가 위협받을 상황입니다. 지구 온난화 때문만이 아니라 자원 고갈에 대비해서라도 지속 가능한 재생 에너지 개발이 필요하고 석유를 적게 사용하는 농사법을 널리 확산시켜야 합니다.

지구에
미생물이 없다면?

식물이 자랄 수 있는 흙이 만들어지는 데는 얼마만큼의 시간이 필요할까요? 커다란 돌이 바람과 물에 깎이고 부수어지고 이것이 다시 고운 흙이 되기까지, 그 흙이 1센티미터 두께로 쌓이기까지 200년 이상이 걸린다고 합니다. 이렇게 오랜 시간 쌓인 흙은 빗물이나 바람으로 흘러가고 날아가거나 아래로 내려가면서 오랜 시간 압력을 받아 다시 암석이 되기도 합니다. 이렇게 돌과 흙도 순환하는 것이지요. 빗물에 흘러간 흙이 강으로, 바다로 흘러가는 데는 또 얼마나 오랜 시간이 걸릴까요? 흙이 만들어지는 속도와 유실되는 속도를 생각하면 한 줌의 흙도 허투루 볼 수가 없습니다.

건강한 흙 속에는 보이지 않는 수많은 생명체가 살고 있습니다. 이 생명체들은 농사에 중요한 역할을 하지요. 인간이 먹을거리를 얻는 데 없어서는 안 되는 존재라는 거예요. 잠깐 영화 이야기를 해 보겠습니다.

〈우주 전쟁〉(2005년)이라는 영화에서 지구는 외계인의 공격을 받습니다. 인간들은 외계인의 공격에 맞서 싸우거나 도망칩니다. 외계인들은 강력한 힘을 갖고 있어서 대항하기가 쉽지 않습니다. 그러던 어느 날 외계인들이 하나둘 쓰러지기 시작해요. 그러다 결국 전멸하고 맙니다. 재난에서 벗어난 인간들이 안도하면서 영화는 조금 허무하게 끝이 납니다. 그러면서 마지막 장면에 외계인이 지구에서 죽어간 이유가 나오지요. 그것은 바로 '미생물' 때문이었습니다. 지구의 생명체는 수억 년을 미생물에 적응하며 진화해 왔지만, 외계인은 전혀 면역력이 없었기에 미생물에 감염되어 죽은 거지요. 지구를 살린 것이 인간의 용감한 투쟁도 아니고 첨단 무기도 아닌 미생물이었다니, 예상 밖의 결말이지만 그럴듯하지 않나요?

일부 과학자들은 지구의 주인은 인간이 아닌 미생물이라고 주장합니다. 그만큼 지구 생태계에 막대한 영향력을 미치고 있다는 뜻이지요. 눈에 보이지는 않지만 우리는 미생물에 둘러싸여 살아갑니다. 때로는 도움을 받고 때로는 공격을 받기도 하지요. 우리 몸에는 무려 100조 개가 넘는 미생물이 살고 있습니다. 무게로 치면 1~2킬로그램이나 된다고 합니다. 피부에만 1000가지 이상의 세균들이 1000억 개쯤 살고 있다니, 거의 세균 덩어리라고 해도 과언이 아니겠지요. 피부에 사는 가장 흔한 세균이 '표피 포도상 구균'인데, 이 균은 가끔 감염을 일으키기도 하지만, 대개는 병을 일으키는 세균들이 침입하지 못하게 막는 방어막 역할을 한다고 해요. 소화 기관에도 500종 이상의 장내 세균이 있습니다. 균형을 이룬 장내 세균총은 외부

병원균이 증식하지 못하게 막아 주는 역할을 한다고 해요. 몸속 세균들이 몸 밖 세균들로부터 우리를 지켜주는 거예요.

생태계에서 가장 중요한 것은 '순환과 균형'입니다. 여기에는 미생물의 역할이 큽니다. 미생물은 죽은 동식물을 분해해서 다시 흙으로 되돌아가게 합니다. 이는 새로운 생명들이 탄생하는 토대가 되지요. 만약 미생물이 없다면 지구는 죽은 생명들로 가득할 겁니다. 지구가 태어난 순간부터 지금까지 이 자연의 법칙은 깨지지 않았습니다. 그러다 인간이 들어서면서 상황이 달라지고 있어요. 미생물에 의해 분해되지 않는 물질을 인간이 만들어 낸 겁니다.

대개의 생명체는 자연에 적응하면서 살아갑니다. 진화를 통해 환경에 유리한 형태로 자신을 바꾸어 가지요. 그런데 유독 인간만은 자연을 변화시키는 쪽으로 활동합니다. 환경을 바꾸고 자연을 이용하며 살아가요. 그런데 이것이 자연의 순환 시스템을 깨뜨리며 문제가 생깁니다. 자연 상태에서 분해되지 않는 플라스틱 같은 물질, 수백만 년 동안 땅속에 묻혀 있던 화석 연료의 사용, 핵물질의 개발, 이로 인한 대기 구성 물질의 변화, 숲과 바다의 오염, 이런 것들이 생태계에 어떤 영향을 미치는지 우리는 잘 알고 있습니다. 인간이 쓰고 버리는 것들이 어떤 변화를 불러오는지 한번 살펴보도록 하지요.

플라스틱

예전에 '비설거지'라는 말이 있었습니다. 날이 궂어 비가 올 것 같거나, 또는 빗방울이 한두 방울 떨어지면서 큰비가 내릴 거 같으면 서둘러 마당이나 집 주변, 밭과 논을 정리했어요. 이렇게 해서 빗물에 쓰레기가 휩쓸려가지 않도록 한 겁니다. 말하자면 비가 오기 전에 청소를 하는 셈이지요.

오늘날 버려진 비닐이나 스티로폼, 페트병 등 석유 화학 제품들은 길거리를 나뒹굴다가 빗물을 따라 강과 바다로 흘러들어 갑니다. 해류를 타고 돌고 돌다가 한군데 모여 거대한 쓰레기 섬을 이루게 되지요. 실제로 태평양에는 거대 쓰레기 지대(The great pacific garbage patch)라는 것이 있습니다. 하와이 섬 북쪽, 일본과 하와이 섬 사이에서 각각 발견되었는데 그 크기가 어마어마해요. 지금까지 인류가 만든 인공물 중 가장 큰 것으로, 하와이 북쪽에 생긴 쓰레기 지대는 한반도의 약 6배나 된다고 해요. 이처럼 전 세계의 쓰레기가 한곳으로 모여 섬을 이룬 것은 원형 순환 해류와 바람 때문으로 여겨집니다. 1950년대부터 10년마다 10배씩 증가하고 있다고 하니 매우 심각한 문제지요. 지금 이 순간에도 언젠가 내가 살짝 놓고 온 플라스틱 병이 태평양을 향해 떠다니고 있는 거예요.

이 쓰레기 섬은 1997년, 미국의 해양 환경 운동가인 찰스 무어에 의해 최초로 발견되었습니다. 이 쓰레기들은 주변 환경에 심각한 피해를 주고 있습니다. 주변 지역에서 잡힌 어류를 조사한 결과 35퍼센트의 물고기 뱃속에서 미세 플라스틱이 발견되었어요. 비닐봉지를 해파리로 착각한 바다거북이가 이것을 먹고 탈이 나기도 하고, 죽은 새의 위에는 플라스틱이 가득 차 있더랍니다. 플라스틱은 자연 상태에서 존재하는 물질이 아닙니다. 인간이 만든 거예요. 이 물질을 분해할 수 있는 미생물은 거의 없습니다. 플라스틱은 계속 작아지기만 할 뿐 없어지지 않아요. 우리가 먹을거리를 비닐봉지에 담아왔다고 가정해 봅시다. 맛있게 먹고 난 다음 비닐봉지를 버리겠지요. 자연 상태에서 분해가 되지 않은 이 비닐봉지는 아까 말씀드린 쓰레기 섬으로 가서 쌓일 수도 있습니다. 더 작아지겠지만 없어지지는 않을 테니까요. 그리고 이 비닐봉지 조각은 바다 생물의 먹이가 됩니다. 그러곤 다시 우리 식탁에 올라오겠지요. 내가 아니더라도 누군가는 그 비닐봉지를 먹게 되는 거예요. 비닐봉지 대신 종이봉투나 장바구니를 사용해야겠다는 생각이 절로 들지 않나요? 비가 내리기 전에 비설거지를 했던 옛 농부들의 지혜와 배려를 다시 한 번 떠올리게 됩니다.

음식물 쓰레기

음식물 쓰레기를 처리하는 일은 고역입니다. 냄새가 나고 국물이 줄줄 흐르는 음식물 쓰레기봉투를 수거함에 버리는 일을 한 번이라도 해본 사람은 잘 알 거예요. 골목이나 출입구에 놓인 수거함에서는 종일 악취가 납니다. 그나마 수거 처리가 잘 되면 다행이지요. 길거리에 몰래 버린 음식물 쓰레기에서는 악취가 나는 것은 물론 파리떼들이 우글거려 눈살을 찌푸리게 합니다. 그런데 이렇게 냄새나는 음식물 쓰레기를 처리할 좋은 방법이 있습니다. 바로 흙 속 미생물의 도움을 얻는 거예요. 마당이나 화단이 있으면 시험 삼아 음식물 쓰레기를 흙과 섞어 묻어 보세요. 습하고 비 오는 날이 아니라면, 하루만 지나도 냄새가 줄어든 것을 알 수 있을 겁니다. 그동안 미생물들이 열심히 일해 준 덕분이에요.

산에 갈 기회가 있다면 마른 낙엽 아래에 있는 부엽토를 한 줌 집어서 냄새를 맡아 보세요. 비 올 때 맡을 수 있는 특유의 흙냄새가 날거예요. 바로 미생물들의 냄새입니다. 그 속에서 지렁이나 다른 여러 생물들이 사는 것을 확인할 수 있을 거예요. 흙은 지구의 가장 겉껍질인 지각 중에서도 아주 얇은 층에 지나지 않지만 모든 생명의 터전이라고 해도 과언이 아닙니다. 여기서 씨앗이 움트고 동물들의 먹잇감이 되는 작은 벌레들이 살아갑니다. 모든 게 미생물 덕분이지요.

음식물 쓰레기를 흙으로 돌려주면 깨끗하게 처리할 수 있을뿐더러, 그 자체로 다른 생명을 키우는 자양분이 됩니다. 흙 속의 미생물이 음식물을 분해해서 다른 생명이 필요한 영양분으로 만들기 때문이에요. 직접 농사를 지어 본 사람은 그 사실을 잘 알고 있습니다. 예전부터 먹고 남은 음식을 퇴비로 썼지요. 집집마다 텃밭을 가꾼다면 음식물 쓰레기도 줄이고 먹을거리도 직접 생산할 수 있을 텐데 하는 생각을 해 봅니다.

2014년 기준으로 우리나라는 음식물 쓰레기를 처리하는 데 1조 원의 비용이 들었다고 합니다. 버려진 식량 자원을 돈으로 환산하면 무려 20조 원에 이르고요. 먹지도 않을 것을 만들고 또 버리느라 낭비를 계속하고 있는 거예요. 이 문제를 해결하려면 삶의 방식을 바꾸어야 합니다. 우리의 삶이 흙과 좀 더 가까워져야 해요. 흙과 생명이 어우러진 숲에서는 허투루 버려지는 것이 없습니다. 모든 것이 다시 흙으로 돌아가지요. 만약 우리 삶의 근거지인 도시가 흙과 생명이 균형을 이루는 곳이 된다면 쓰레기봉투는 필요하지 않을 거예요. 적당한 양의 먹을거리를 직접 키우고, 또 먹고 남은 것을 거름으로 주면 쓰레기도 줄이고 환경도 살릴 수 있지 않을까요?

다시 듣는
똥 이야기

오늘 하루는 어떻게 지내고 있니?

잠은 잘 잤어?

아침에 똥은 잘 쌌고?

어때, 색깔은 괜찮았어?

지저분하게 웬 똥 이야기냐고요? 지금은 '똥'을 지저분하고 피해야 할 것처럼 여기지만 예전에는 그렇지 않았습니다. 서로 안부를 묻듯이 자연스럽게 똥 이야기를 나누곤 했지요. 옛이야기 속에 자주 '똥'이 등장하는 이유입니다.

　여러분도 한번쯤 똥에 관한 옛이야기를 들어 봤을 거예요. '똥 떡'은 똥간(뒷간)에 빠진 아이를 위한 액막이 떡입니다. 곡식으로 떡을 빚어 '뒷간 귀신'의 화를 달랜 후 이웃과 나누어 먹었던 마음 따뜻한 풍습이지요. '방귀쟁이 며느리' 이야기는 시아버지가 날아갈 정도로 큰 방귀를 뀌어 시댁에서 쫓겨난 이야기고, '방귀 시합'은 방귀로 절구를 달까지 날려 보냈다는 이야기지요.

단순하게 이야기하면 똥은 우리가 먹은 음식입니다. 우리가 먹은 음식 중 30퍼센트 정도만 몸에 흡수되고 나머지는 덜 분해된 채 배설이 된다고 해요. 이때 대장 안에서 사람과 공생하고 있는 미생물들이 함께 나오지요. 똥은 미생물은 물론 다른 동물들의 먹잇감이기도 합니다. 지금은 많이 줄었지만 예전에는 가축들에게 똥을 주었어요. '똥돼지'라는 말 혹시 들은 적 있나요? 예전 제주도에서는 '통시'라는 화장실을 썼는데 위에서 똥을 누면 아래층에 사는 돼지가 이걸 먹었어요. "밥은 밖에서 먹어도 똥은 집에서 눈다"는 속담이 있을 정도로 똥을 소중하고 친근하게 생각했지요.

그런데 소위 '근대화'가 되면서 이런 관념들이 싹 바뀝니다. 대표적인 게 수세식 화장실의 등장이에요. 도입할 당시는 정말 획기적이었습니다. 냄새도 없고 위생적이라고 생각했습니다. 하지만 생각해 보면 그건 착각에 불과했습니다.

물로 씻겨 내려간 똥은 결코 사라지지 않아요. 어딘가로 다시 흘러갑니다. 오늘날 하수도로 버려진 똥과 오줌은 분뇨 처리장으로 모입니다. 엄청난 양의 물을 써서 희석하고 기계로 그 안에 공기를 불어넣어 분해시키지요. 그런 후에 고형물과 물을 분리해서 물은 강에 버리고 고형물을 또다시 처리 시설로 보냅니다. 한 번에 처리가 되지 않아요. 옛날에는 화장실에 모인 똥을 거름으로 써서 완전하게 분해 처리를 했는데 말이지요. 똥의 처리에 관한 한 옛날 사람들의

예전 제주도에서는 '통시'라는 화장실을 썼는데

위에서 똥을 누면 아래층에 사는 돼지가 이걸 먹었어요.

"밥은 밖에서 먹어도 똥은 집에서 눈다"는 속담이 있을 정도로

똥을 소중하고 친근하게 생각했지요.

기술이 앞서 있는 듯합니다.

똥오줌을 활용하는 화장실은 똥과 오줌이 섞이도록 하는 것과 그렇지 않은 것 두 가지가 있습니다. 사찰에서 볼 수 있는 전통 화장실은 대부분 똥오줌을 함께 모으지만, 시민 단체가 개발해서 보급하는 '생태 화장실'은 똥은 똥대로 오줌은 오줌대로 모으는 방식을 사용합니다. 일명 '생태 뒷간'이라고 불리우는 '생태 화장실'은 똥을 거름으로 사용하기 위해 만들어진 것입니다. 톱밥이나 왕겨를 똥 위에 뿌리면 이들이 수분을 적당히 잡아 주고 분해도 잘 되게 해 줍니다. 여기에 재나 숯가루를 뿌리면 냄새 분자까지도 잡아 줍니다. 이를 통해 청결함을 유지할 수 있지요.

오줌은 따로 모아서 공기가 들어가지 않게 한 상태로 평균 2주 이상 보관하면 훌륭한 질소 거름이 됩니다. 사람들은 오줌을 몸에서 빠져나온 노폐물이라 생각하지만 사실은 혈관에서 빠져나왔기 때문에 혈액에 가깝다고 할 수 있어요. 우리 몸 안에서 단백질 대사 과정 중 생성된 암모니아 분자가 요소로 만들어지고 이것이 오줌을 통해 배출되는 것입니다. 여기에는 영양소가 들어 있어요. 오줌을 피처럼 소중하다고 생각하면 그냥 버리기가 아깝겠지요? 농사지을 때 작물에 뿌려 주면 수분 공급은 물론 훌륭한 영양제 역할을 합니다.

발효된 오줌은 물과 섞어 주는데 그 효과가 아주 좋아요. 아침에 오줌 거름을 주면 저녁에는 확연히 달라진 작물의 모습을 볼 수 있을 정도예요. 그동안 이걸 그냥 버리고 심지어 처리하는 데 엄청난 비용까지 들였다니 조금 안타깝지 않나요?

똥과 오줌을 발효시키는 주인공은 미생물입니다. 우리 눈에 보이지 않는 미생물은 세상 어디에나 있고 생태계의 순환을 지켜 주는 '능력자'임이 분명해요.

텃밭으로
환경 살리기

1980년대 중반 저는 한 농촌 마을에 살았습니다. 20여 가구 남짓 사는 작은 마을이었는데 대부분 농사를 지었지요. 마을 입구는 커다란 아까시나무가 시원한 그늘을 드리우고 있었고 야트막한 언덕에는 큼지막한 소나무들이 병풍처럼 자리하고 있었지요. 그 솔밭 그늘 밑에서 동네 아이들이 사방치기, 공기놀이, 고무줄놀이, 나무타기 등을 하며 놀았습니다. 왁자지껄 떠들며 노는 아이들 옆 볕 좋은 곳에 소 한 마리가 매여 있었고요. 빈대떡 같은 똥을 한 무더기 싸 놓고 한가롭게 풀을 뜯으며 꼬리로 파리를 쫓던 그 모습이 지금도 생생합니다. 멀리 방죽 너머 넓은 밭에는 머리에 수건 쓴 동네 아주머니들이 밭매기에 한창이었습니다. 봄에는 동네 사람 모두가 돌아가며 물을 대고 모내기를 함께하고, 가을이면 또 한데 모여 낫질을 해서 벼를 베고 말리며 가을 추수를 했습니다.

저희 집 마당에는 콩 타작을 하려고 널어 놓은 콩대들이 가득이었습니다. 말린 콩대는 도리깨질을 해서 콩을 털고, 체로 쳐서 콩 거두기를 여러 날 하였지요. 도리깨질은 제법 기술이 필요한 일이기도 해서 멀리 튀어간 콩알들을 줍는 귀찮은 일은 어린아이들의 몫이 되곤 했습니다. 여러분 혹시 김용택 시인이 쓴 「콩, 너는 죽었다」라는 시를 아시나요? 초등학교 교과서에도 실린 시인데, 콩 타작을 하다가 튀어나온 콩을 줍는 모습을 그리고 있어요. 마지막에는 쥐구멍으로 쏙 들어가 버린 콩알을 두고 "콩, 너는 죽었다"라고 하며 끝납니다. 시인은 아마도 어릴 적에 콩 줍기를 많이 했었나 봐요. 저도 무척 공감하며 재미있게 읽었습니다. 요즘 아이들에게도 그런 추억을 많이 남겨줄 수 있다면 얼마나 좋을까요. 농사는 우리에게 자연에 대한 감수성을 길러 줍니다. 들로 산으로 놀러다니고, 엄마 따라 나물도 뜯고 농사를 거들며 재밌기도 하고 귀찮기도 했던 그런 경험들은 삶을 살아가는 데 큰 힘이 돼요. 저는 이것이야말로 살아 있는 교육이라고 생각합니다. 인간과 자연이 어울려 살아가는 모습, 그 모습을 자연스럽게 내 몸에 받아들이는 일, 도시 농업에서도 가능하지 않을까요?

예전 마을 이야기를 좀 더 해보겠습니다. 저희 집에서는 주식인 쌀은 물론 반찬거리 등 먹을거리 전부를 직접 키워서 먹었어요. 식구가 아홉 명이었는데 대식구이다 보니 어머니는 매일 아침저녁으로 커다란 가마솥에 불을 때서 밥을 지으셨지요. 그리고 마당을 지나 텃밭으로 가서 반찬거리들을 따 오셨습니다. 저도 옆에서 식사 준비를 거들며 어깨너머로 많이 배웠어요. 여름이면 텃밭 둘레에 줄

인간과 자연이 어울려 살아가는 모습,

그 모습을 자연스럽게 내 몸에 받아들이는 일,

도시 농업에서도 가능하지 않을까요?

도시 학교에 있는 옥상 텃밭 모습.

지어 서 있는 옥수수 중 수염이 마른 것을 골라 따다가 껍질을 벗겨서 삶아 먹었습니다. 가마솥 뚜껑을 조심스레 밀고는 옥수수 몇 개를 끓고 있는 밥 위에 살포시 얹어 놓았지요. 밥이 마저 끓고 뜸이 드는 사이 옥수수도 익었습니다. 탱글탱글 톡톡 터지는 옥수수의 달디단 맛은 지금도 잊을 수가 없어요. 마늘밭 볏짚 사이에서 겨울을 난 시금치는 또 어떻고요. 굵고 빨간 뿌리를 가진 시금치를 무쳐서 먹으면 씹을수록 달콤한 맛이 일품이었습니다. 퍼렇게 덜 익은 참외를 기다리지 못하고 씹었다가 쓴맛에 먹지 못하고 버렸던 일 등 텃밭은 가족과 함께했던 따뜻한 삶을 떠올리게 합니다.

저는 그때의 삶이 오히려 지금보다 건강했다고 생각해요. 과학적으로 따져도 신선한 작물들을 바로바로 먹는 게 영양소 파괴도 적고 맛도 있겠지요. 배나 비행기에 실려 오랫동안 바다를 건너온 외국의 농수산물에서는 느낄 수 없는 맛일 겁니다. 마트에 진열된 채소나 과일이 보기에는 좋아도 텃밭에서 거둔 것만 못한 이유입니다. 그래서 제대로 된 재료로 음식을 만들고 싶은 요리사들은 텃밭에서 직접 농사를 짓곤 합니다. 갓 수확한 싱싱한 재료들로 요리해야 건강에도 좋고 맛도 있다는 걸 잘 알고 있기 때문이에요. 여러분도 화분이든 상자 텃밭이든 흙이 있는 곳에서 직접 작물을 길러보세요.

이 밖에도 텃밭을 가꾸면 할 수 있는 일들이 많습니다.

퇴비 만들기

예전에는 볏짚이나 콩대 같은 걸 태워서 불을 땠습니다. 그러면 회색 혹은 하얀 재가 남는데 이걸 식혀서 풀이나 채소 껍질, 과일 껍질, 개똥 등과 섞어서 퇴비를 만들었습니다. 지금은 먹고 남은 음식을 퇴비로 만드는 퇴비 통이라는 게 있습니다. 퇴비 통은 고무통이나 스티로폼 상자를 이용합니다. 상토(床土, 모종을 키우는 흙), 부엽토(腐葉土, 풀이나 낙엽 따위를 썩힌 흙) 등을 이용하면 아파트 베란다 같은 곳에서도 퇴비를 만들 수 있습니다. 퇴비 통은 장소에 구애받지 않을 수 있다는 장점이 있어요.

최근 서울시는 텃밭보급소 등 시민 단체들과 함께 회전식 퇴비 통을 보급하고 있습니다. 이를 통해 음식물 쓰레기로 만든 퇴비를 텃밭으로 돌려보내도록 지원하고 있지요. 사용법은 매우 간단합니다. 퇴비 통에 톱밥과 남은 음식물을 넣은 후 섞어 주면 돼요. 낙엽도 훌륭한 퇴비로 쓸 수 있습니다. 서울의 강동구청에서는 가로수 낙엽을 모아 원통형 고체 덩어리 형태로 만들어 퇴비 재료로 공급하고 있습니다. 퇴비 통을 만들기 어렵다면 굳이 퇴비 통을 따로 만들어 쓰지 않아도 됩니다. 텃밭 한쪽 구석에 음식물 쓰레기를 톱밥이나 낙엽, 왕겨 등과 고루 섞어 적절히 수분을 조절한 후 빗물이 들어가지 않게 덮어 주고 일주일마다 한 번씩 뒤섞는 것을 한 달간 하면 돼요. 3~4개월 정도 지나면 밭에 뿌릴 수 있습니다.

지렁이 키우기

지렁이는 훌륭한 농사꾼이라는 말이 있습니다. 그만큼 농사에 보탬이 되는 유익한 생물이라는 뜻이에요. 맨땅이 별로 없는 도시에서는 비가 갠 후에나 지렁이를 볼 수 있습니다. 원래 흙에서 살아야 할 지렁이들이 비에 떠밀려 와 말라 가는 모습이 안타깝지요. 촉촉한 흙이 있는 곳으로 옮겨 주고 싶은 마음이 듭니다.

지렁이는 토양 환경의 지표 생물이면서 흙을 일구는 농부입니다. 지렁이가 사는 땅은 비옥해요. 지렁이가 땅속에 숨구멍을 만드는 한편 지렁이의 배설물이 식물 생장에 큰 도움을 주기 때문입니다. 유기 농업에서는 일부러 지렁이를 키우고 그 똥이 섞인 분변토를 농사에 이용하기도 합니다. 지렁이는 흔한 생물입니다. 화학 비료와 화학 농약을 사용하지 않는 밭에서는 자연스럽게 만날 수 있어요. 자연 그대로 두면 지렁이가 땅을 비옥하게 하고 작물을 잘 자라게 도와 줍니다.

음식물 찌꺼기를 퇴비로 만들어 주기도 합니다. 상자에 흙을 담아 그 안에 지렁이를 키우면서 음식물 찌꺼기를 먹이로 주면 알아서 처리해 줍니다. 지렁이가 좋아하는 먹이는 채소, 과일, 밥 등 우리가 먹는 음식과 크게 다르지 않아요. 딱딱하고 기름기 많은 것과 소금기가 있는 음식만 피하면 됩니다. 음식물 찌꺼기를 먹은 지렁이가 분변토를 내놓고, 이걸 텃밭에 뿌리면 훌륭한 거름이 되는 거예요.

쌀뜨물 사용하기

오늘날 도시 대부분의 주거지에는 상하수도 시설이 갖춰져 있습니다. 예전처럼 우물에서 물을 퍼 오고 냇가에서 빨래하는 일은 찾아보기 어렵습니다. 편리해진 만큼 자원의 낭비도 심해졌는데요. 일상에서 쓰고 버리는 물이 너무 많아졌어요. 이것도 도시 농사를 통해 바꿀 수 있습니다. 가장 좋은 예가 쌀뜨물이에요. 하루 세끼 밥을 하면서 쌀을 씻고 남은 물을 버리지요. 그런데 이 쌀뜨물이 아주 좋은 퇴비가 됩니다.

쌀뜨물에는 인산이라는 양분이 많이 들어 있습니다. 이는 식물의 열매를 잘 맺게 하는 역할을 합니다. 이걸 모아서 퇴비로 주면 좋아요. 또한 쌀뜨물에는 전분이 있어 기름기를 제거하는 데 쓰일 수 있습니다. 설거지할 때 이용하면 좋겠지요. 일일이 모아두는 게 번거롭기는 하지만 한두 번 하다 보면 익숙해질 거예요.

예전에는 물을 여러 차례에 걸쳐서 재활용하는 게 당연한 일이었습니다. 가축에게는 쌀뜨물이나 식재료 씻은 물을 주기도 했어요. 그리고 화단이나 밭에도 뿌렸습니다. 본격적으로 도시화가 시작된 이후에는 보기 어려운 풍경이 되었지만, 조금만 노력하면 지금도 실천할 수 있는 일이 적지 않습니다.

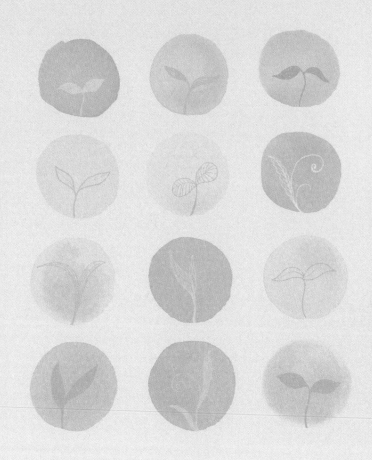

3장

농부의 눈으로 세상 보기

농부와
"생명 창고의 열쇠"

2015년 개봉한 영화 〈마션〉에는 화성에 홀로 남겨진 주인공이 똥을 거름으로 삼아 감자를 키워 먹는 장면이 나옵니다. 그 사람은 다음 탐사대가 올 때까지 혼자 지내야 하는데, 지구에서 가져온 식량만으로는 버틸 수 없기에 직접 작물을 키워 먹기로 마음먹은 거예요. 과학자인 주인공이 스스로 농부가 될 수밖에 없었던 겁니다.

영화에서는 주인공 마크가 감자를 키우려고 똥거름을 쓰는 장면을 꽤 인상적으로 그리고 있는데, 만약 그가 진짜 농부였다면 생똥을 넣고 나서 바로 감자를 심지는 않았을 겁니다. 산업이 발달하고 생활이 복잡해지면서 농사를 접할 기회가 별로 없는 도시 사람에게는 그게 그것처럼 보일 수도 있겠지만 말입니다.

무인도에 갇힌 로빈슨 크루소도 농부가 되었습니다. 생존을 위해 스스로 오두막집을 짓고 불을 지피고 동물을 기르고 곡식을 재배했지요. 마크와 로빈슨 크루소 두 사람 모두 이전에는 다른 직업을 갖고 있었지만, 극한의 상황 속에서 농부가 된다는 점은 시사하는 바가 큽니다.

　전통적으로 농업국이었던 우리나라는 국민의 상당수가 농부였습니다. 그러다 도시화, 산업화가 되면서 그 수가 줄었어요. 농부들은 도시로 가서 다른 일을 하게 되고, 사람들은 먹을거리를 직접 키우는 대신 사다 먹는 일이 많아졌습니다. 그렇다고 해서 농사, 혹은 농부의 중요성이 줄어든 것은 아닙니다.

> "농민은 세상 인류의 생명 창고를 그 손에 잡고 있습니다. 우리나라가 돌연히 상공업 나라로 변하여 하루아침에 농업이 그 자취를 잃어버렸다 하더라도 이 변치 못할 생명 창고의 열쇠는 의연히 지구상 어느 나라의 농민이 잡고 있을 것입니다."

　일제 강점기인 1927년에 야학 교재로 쓰인 『농민독본』 서문에 나온 글입니다. 이 글을 쓴 사람은 독립운동가이자 농민운동가인 매헌 윤봉길 의사예요. 일본 왕의 생일잔치에서 폭탄을 던질 정도로 기개 넘쳤던 이분은 일찍부터 농사의 중요성을 강조하셨습니다.

　'농자천하지대본야'(農者天下之大本也)라는 말이 있습니다. 요즘도 간혹 방송이나 신문에 등장하지요. 농사짓는 사람, 즉 농부가 세상의 근본이라는 뜻입니다. 이러한 옛사람들의 생각은 신화에서 특히 잘 살펴볼 수 있습니다.

　고조선의 건국 신화를 보면 하느님의 아들 환웅이 바람, 구름, 비

농민독본을 쓴 사람은

독립운동가이자 농민운동가인 매헌 윤봉길 의사예요.

일본 왕의 생일잔치에서 폭탄을 던질 정도로 기개 넘쳤던

이분은 일찍부터 농사의 중요성을 강조하셨습니다.

를 다스리는 이들을 데리고 이 땅에 왔다고 하지요. 바람과 구름과 비는 모두 농사와 관련이 있습니다. 새로 세우는 나라의 백성들이 평화롭고 행복하게 살려면 배불리 잘 먹어야 하는데, 그러려면 계절과 날씨의 변화를 잘 알아서 농사에 활용해야 했지요. 그래서 날씨를 주관하는 신들이 꼭 필요했던 거라고 학자들은 추정합니다.

중국 한족이 자신들의 조상이라고 믿는 신농씨는 상고 시대 농업과 의약의 창시자라고 알려져 있어요. 신농씨는 쟁기와 가래 등 농기구를 만들어서 사람들에게 농사를 가르쳤고, 백성들을 위해 여러 가지 풀을 직접 씹어서 효능을 알아봤다고 합니다. 그리스 사람들이 올림포스 산에 산다고 믿었던 열두 신 중에도 농사와 곡물, 수확을 주관하는 땅의 여신 데메테르가 있었습니다. 동양이나 서양이나 먼 옛날부터 농사를 잘 이해하고 농사에 도움이 되는 정보나 지식을 가진 이를 소중히 여겼다는 걸 알 수 있어요.

농사를 지으려면 세상과 삶의 이치를 알아야 합니다. 하나의 씨앗이 땅에 떨어져 열매를 맺기까지의 과정을 관찰해야 하지요. 계절과 때를 알고 날씨의 변화를 민감하게 살필 수 있어야 합니다. 우리가 사는 자연과 그 안의 생명들이 변화하는 법칙, 그것이 바로 세상의 이치가 아닐까요?

"농부는 굶어 죽더라도 씨앗을 베고 죽는다"는 속담이 있습니다. 정약용의 『이담속찬』이라는 책에 나오는 말로 한자로는 "농부아사 침궐종자(農夫餓死 枕厥種子)"라고 하지요. 사람이 살아가는 데 꼭 필요한 먹을거리를 만드는 농부로서는 그 시작이랄 수 있는 씨앗을 소중히 여겨야 한다는 뜻이겠지요. 좋은 씨앗을 심고 거둬서 다시 좋은 씨앗을 얻는 일은 농사의 핵심이기도 합니다.

이 속담과 비슷한 일이 1940년대에 소련(현 러시아)에서 실제로 일어났어요. 제2차 세계 대전 당시 독일이 소련을 침공했을 때의 일입니다. 독일군이 에워싸고 있는 도시 안에 바빌로프 식물산업연구소가 있었습니다. 이곳에는 전 세계에서 수집한 40만 종의 씨앗을 보관하고 있었지요. 연구원들은 교대로 불침번을 서면서 이를 지키려고 했습니다. 이들이 얼마나 철저했느냐면, 독일군의 봉쇄가 길어지는 동안 서른 한 명이나 굶어 죽는 상황이었는데도 씨앗으로 보관 중이던 감자에는 절대로 손을 대지 않았다고 해요. 후대에 수백 수천만 명을 먹여 살릴 수 있을지도 모를 씨앗을 집어삼킬 수 없었던 거지요. 이것이야말로 생명의 근원인 씨앗을 목숨보다 소중히 여기는 참된 농부의 마음이 아닐까요?

"콩 심은 데 콩 나고 팥 심은 데 팥 난다"는 속담처럼 농사는 거짓말을 하지 않습니다. 뿌린 대로 거둡니다. 농부들은 콩을 심으면 그대로 콩이 나온다는 사실을 잘 알고 있어요. 그뿐만 아니라 콩 한 알을 거두기까지 얼마나 많은 존재들의 도움이 필요한지도 알고 있습니다. 햇빛, 공기, 물, 바람, 흙 같은 자연의 도움이 없다면 불가능하지요. 다른 동물이나 식물도 농사에 중요한 역할을 합니다. 벌 같은 곤충은 꽃가루를 다른 곳으로 옮겨 주고, 새는 씨앗을 멀리 옮겨 줍니다. 땅속 벌레나 이끼들도 각기 제 역할을 합니다. 농부들은 이처럼 자연의 모든 존재들이 함께 농사를 짓는다는 걸 알고 있습니다. 그래서 옛날에 콩을 심을 때는 세 알씩 심으라고 했어요. 하나는 하늘을 나는 새에게 주고 또 하나는 땅을 돌아다니는 벌레에게 주고 나머지 하나는 키워서 사람이 먹는다는 겁니다. 함께 키웠으니 결과물도 나눠야 한다는 거예요.

자연에서 멀어진
'녹색 혁명'

농부는 세상에서 가장 오래된 직업이고, 농업은 산업 중에서 가장 긴 역사를 가지고 있습니다. 그렇다면 인간은 언제부터 농사를 지었을까요?

아주 먼 옛날 인류의 조상들은 무리 지어 다니면서 사냥을 하거나 잘 익은 열매를 따 먹으며 살았어요. 수렵과 채집의 시대였지요. 돌아다니다가 편한 곳에 머물면서 눈에 보이는 것을 잡거나 따 먹었기 때문에 그때는 따로 직업이라고 할 게 없었지요. 농경과 목축으로 삶의 방식이 바뀐 때는 지금으로부터 1만 년쯤 전으로 신석기 시대라고 합니다. 이때 인류 역사에 농사와 농부가 출현하지요. 농사를 지으면서 인간은 더 이상 먹을 것을 찾아 돌아다니지 않게 되었습니다. 집을 짓고 씨를 뿌리면서 안정적으로 살았지요. 여러 가지 편리한 도구와 문자, 사회 질서도 이 무렵 생겼습니다. 고든 차일드라는 학자는 농경 문화의 시작을 '신석기 혁명'이라고 했습니다. 그만큼 삶의 방식이 크게 바뀌었다는 뜻이에요.

농사의 시작이 인류의 생활을 근본적으로 바꿔 놓은 첫 번째 혁명이라면, 두 번째 혁명은 다들 알다시피 산업 혁명입니다. 사람 손을 대신해 기계를 사용하면서 대량 생산이 가능해지고 자본주의 경제가 확립되었지요.

산업 혁명에서 비롯한 농사법의 변화는 사람들의 삶을 크게 바꿔 놓았습니다. 그동안은 먹을 것이 부족해 굶주림을 걱정하며 살았는데, 각종 기계와 화학 비료가 생산성을 높이게 되자 먹고 남을 만큼의 충분한 식량을 생산할 수 있었지요. 이처럼 새로운 기술을 도입해서 이룬 식량 증산을 사람들은 '녹색 혁명'이라고 불렀어요. 그러나 이 '녹색 혁명'은 그 이름에서 풍기는 느낌과 달리 인간을 초록색(자연)으로부터 멀어지게 했습니다. 석유라는 화석 연료를 기반으로 인공적인 흰색 비료를 만들어 냈다는 점에서, '백색 농법', '화학 농법', '석유 농법'과 같은 표현이 더 정확할 듯합니다.

농업 기술의 발달로 더 많은 식량을 더 싸게 생산할 수 있었지만 문제도 많이 생겼습니다. '녹색 혁명'을 지지하는 사람들은 인류가 굶주림에서 벗어나게 됐다고 자랑하지만, 실상은 그렇지 않아요. 전 세계 인류가 풍족하게 먹고도 남을 만큼의 식량을 생산하고 있지만, 여전히 기아 문제가 심각합니다. 멀리 아프리카를 비롯해 가까운 북한까지 가난한 나라에서는 지금도 굶는 사람들이 많아요. 사람들이 배부르게 먹지 못하는 건 식량이 모자라서가 아닌 거예요. 골고루 나누지 않기 때문입니다. 많이 거둘수록 이를 독점하는 사람들만 살찌울 뿐 배고픈 사람들의 삶은 여전히 달라지지 않고 있다면 '녹색 혁명'이 무슨 의미가 있겠어요. 가난한 나라 사람들은 굶어 죽거나 영양실조로 고생하는데 부자 나라에서는 넘쳐나는 음식물 쓰레기 문제로 고민합니다.

녹색 혁명은 손쉽게 식량을 구할 수 있게 만들었고, 여기에 필요한 자재나 재료를 판매한 회사들에 어마어마하게 큰돈을 벌어다 주었습니다. 그런데 그 혜택을 인류가 고루 나누어 가지지 못한 거예요.

먹을 것이 풍부해지면서 사람들의 마음도 달라졌어요. 먹는 행위 자체를 일종의 소비로 생각하게 되었지요. 먹을 것을 귀하고 고맙게 여기던 옛날 농부의 마음으로부터 한참 멀어지게 된 거예요.

노벨 화학상 수상자인 네덜란드의 파울 크루첸이라는 과학자는 지금 우리가 사는 시대는 지질학적으로 1만 년 전부터 이어져 온 홀로세(충적세)가 아니라 인류세(人類世)라는 주장을 했습니다. 인류가 자연환경을 파괴하고 그 결과로 지구의 기후와 생태계가 크게 변화한 시대로 접어들었다는 거예요. 다른 어떤 지질학적 변화보다 인간 자신이 가장 큰 요인이 되었다는 뜻입니다. 많은 지질학자가 이 의견에 동의하고 있습니다. 실제로 산업화 이후 지구는 급격한 변화를 겪고 있습니다. 깨끗하고 안전한 먹을거리는 물론 자연과 더불어 살아가던 따뜻한 마음도 사라졌습니다. 논과 밭과 강에 살던 동식물이 사라진 자리에 "좀 더 많이!"를 외치는 인간의 욕심만 남아 있는 형국입니다.

이런 변화는 인간에게도 결코 이롭지 않아요. 화학 비료와 농약에 의지하는 농사는 오래 지속될 수도 없습니다. 이 사실을 깨달은 사람들은 대안을 모색하기 시작했습니다. 농약이나 비료를 쓰지 않는 유기 농업, 자연의 순환 원리에 가장 가까운 방법으로 농사를 짓는 사람들이 나타났지요. 이런 방식들은 우리 조상들이 해오던 전통적인 농사와 비슷해요.

농부의 마음은
자연의 마음

진짜 농사는 사람이 혼자 하는 것이 아닙니다. 과학이나 기술이 대신해 줄 수 있는 것도 아니고요. 작은 씨 하나가 커서 열매를 맺으려면 햇볕과 공기와 바람과 물과 크고 작은 동물과 식물이 모두 힘을 합쳐야 하지요. 과학과 기술이 제아무리 발달해도 이러한 자연의 이치만큼은 바꿀 수 없어요.

화학 비료만으로도 작물을 키울 수 있지만, 화학 비료를 사용하는 농사는 오래갈 수가 없습니다. 인광석 등 화학 비료의 원료가 되는 광물이 100년 안에 고갈된다는 주장도 있습니다. 경제적으로도 비효율적이에요. 우리나라는 화학 비료를 만들기 위해 많은 원료를 수입합니다. 우리 땅에서 나는 유기물만으로 충분히 영양분을 공급할 수 있는데, 굳이 외국에서 사온 재료로 비료를 만들어야 할까요? 이걸 만들어 파는 사람들에게는 이익일지 몰라도 농부들에게는 손해입니다. 공장에서 비료를 합성하는 과정에서 공해 물질도 많이 나와요. 석유 같은 화석 연료가 지구 온난화의 주범이라는 사실은 이제 상식이 되었습니다. 이렇게 가다가는 언젠가는 한계에 부딪히리라는 것도 점점 분명해지고 있고요.

가장 심각한 문제는 화학 비료가 사람과 식물, 식물과 동물, 식물과 미생물 간에 긴밀하게 연결돼서 돌아가던 오랜 흐름을 깨뜨렸다는 겁니다. 전통적인 농사에서는 남은 음식물이나 똥이 발효 과정을 거쳐 거름이 되어 땅속으로 돌아가면, 그게 식물의 영양분이 됩니다. 그런데 여기에 화학 비료가 끼어들면서 이 흐름이 망가져 버렸어요. 식물에 필요한 양분을 넉넉히 품고 있던 흙은 거름기가 부족하거나 고갈되는 반면 동식물의 먹이 재료이던 음식물이나 똥은 처치 곤란한 쓰레기가 되었습니다.

요즘은 비료, 농약뿐 아니라 씨앗도 큰 회사에서 팔지요. 원래 농부들은 가장 좋은 씨앗을 남겨서 대대로 건강한 작물을 생산했습니다. 식물의 유전적 성질을 잘 이해한 농부들은 자신이 원하는 형질(특성)이 나타나도록 새로운 품종을 만들거나 기존의 품종을 개량하기도 했지요. 인류가 한곳에 정착해서 농사를 짓기 시작하면서부터 더 좋은 품종을 얻으려는 육종의 역사도 함께 시작되었습니다. 날씨와 지형에 따라 잘되는 씨앗이 달랐기에 농부들은 자기 지역에 맞게 잘 선별해서 사용해야 했지요. 좋은 종자를 발견하면 주변에 나누기도 했습니다.

오늘날에는 종자 전문 기업들이 그 역할을 대신합니다. 씨앗을 선별하고 육종하는 전문가였던 농부들은 이제 종묘상에서 권하는 씨앗을 사는 소비자가 되고 말았지요. 재배 방법, 병충해 방제도 그들이 제시하는 방법에 따릅니다.

거대 종자 기업은 이익을 더 많이 내려고 씨앗의 유전자까지 조작합니다. 식물의 몸에 동물의 유전자를 집어넣는 등 자연 상태에서는 불가능한 일을 과학 기술의 힘을 빌려 하고 있어요. 이는 생태계를 유린하는 심각한 문제가 아닐 수 없습니다. 유전자가 조작된 농산물은 그대로 팔지 않고 과자, 두부, 식용유처럼 직접 눈에 보이지 않는 가공식품 재료로 사용하기 때문에 성분 표시를 하지 않는 한 사 먹는 사람도 알 수가 없어요.

최근에는 '식물 공장'이라는 개념이 주목을 받고 있습니다. 이는 말 그대로 식물을 생산하는 공장을 뜻해요. 자연 상태에서 작물을 재배하는 게 아니라 환경을 인공적으로 제어해 날씨와 관계없이 계속해서 생산할 수 있게끔 하는 시설입니다. 빛과 온도, 습도, 대기 가스 농도, 영양액 등을 통제함으로써 품질을 안정적으로 규격화할 수 있다는 장점이 있다고 해요. 병충해가 차단되고 계절과 관계없이 연중 생산이 가능하지요. 극지방이나 사막과 같은 극한 조건에서도 농사를 지을 수 있습니다.

문제는 장점에 비해 단점이 너무 크다는 점입니다. 대표적인 게 높은 생산비와 이산화탄소 발생량입니다. 돈도 많이 들 뿐더러, 온도 조절용 냉난방기와 수도 시설이 있는 비닐하우스에서 키우는 시설 채소보다 약 58배 이상 이산화탄소 배출량이 높고, 그에 비례해 에너지 비용도 더 들어간다고 해요. 재배 가능한 작물에도 제한이 있습니다. 샐러드용 잎채소류, 일부 약용 작물이나 묘목, 화훼류 등은 가능하지만 가장 많은 비중을 차지하는 곡물은 키우기가 어렵다고 합니다. '식물 공장'은 신성장 동력이라 불리우며 자칫 매력적인 분야로 여겨지지만, 효율성도 떨어질 뿐더러 자연을 만끽하며 성장해야 할 생명의 본질에도 맞지 않습니다. 과연 이런 농사가 꼭 필요할까요?

　인류가 농사를 지어 올 수 있었던 것은 태양이라는 에너지원이 있고 물과 공기와 미생물을 비롯한 동식물들이 커다란 순환 체계를 이루었기 때문입니다. 인간도 그중 하나입니다. 농사를 짓는 데 있어 중요한 것은 당장의 이익보다 생명 순환을 생각하는 농부의 마음입니다. 농부의 마음은 자연의 마음이기도 합니다. 콩 한 쪽도 나눠 먹는 농부, 씨앗을 목숨처럼 소중하게 여기는 농부, 날씨의 변화를 예민하게 파악하고 거기에 순응하는 농부, 손쉽게 많은 것을 얻으려 하지 말고 땀 흘리고 움직인 만큼 값지게 수확하는 이런 정직한 농부의 마음을 우리는 헤아려야 합니다.

농부의 철학을
지킨 사람들

20세기에는 두 번이나 큰 전쟁이 있었습니다. 1, 2차 세계대전이 그것인데요. 그 원인은 여러 가지가 있겠지만 남의 땅을 차지하려는 욕심이 가장 크지 않을까 생각합니다. 먼저 자본주의를 이룬 나라들이 다른 나라의 자원을 탐냈던 것이지요. 어떻게든 싼값에 물건을 만들어서 부자가 되고 싶은 욕심이 전쟁을 부른 겁니다.

사람이 살아가려면 돈이 필요하지만 돈벌이가 최고의 목적이 되어서는 안 돼요. 그러면 다른 더 중요한 가치들이 희생될 수밖에 없습니다. 산업 혁명에 이어 두 차례 세계대전을 겪고 나서 인류는 깨달았습니다. 역사상 최고의 풍요로움을 누렸지만, 반대로 역사상 가장 심한 빈부격차가 있었다는 것을요. 물건을 잘 만들어서 다른 사람들의 삶을 풍요롭게 하겠다는 목적보다는 하나라도 더 팔아서 이익을 남기겠다는 목적이 더 컸습니다. 그래서 불량 제품과 유해 제품이 많이 만들어졌어요. 경쟁자보다 빨리 더 많이 팔려다 보니 자원을 마구 낭비하게 되었습니다. 그 결과 오늘날 자원 고갈과 환경 오염, 생태계 파괴라는 엄청난 대가를 치르게 되었지요. 산업이 발전했다고 해서 모두가 잘살게 된 것도 아닙니다. 아직도 지구 상에는 절대 빈곤이 존재합니다. 행복이나 평등 같은 가치들은 현실과 여전히 동떨어진 것이 되었고요. 서로 돕고 존중하며 살아야 행복하다는 자연의 이치를 벗어나서 자기만을 위한 욕심에 눈이 멀면 어떤 결과가 생기는지 우리는 잘 알게 되었습니다.

이제는 돈벌이에 급급해서 하나뿐인 지구가 병들어 가는 것을 보고 있을 수만은 없다고 생각하는 사람들이 많아졌습니다. 화학 비료나 농약이 인류와 지구에 해를 끼치고 있다는 걸 잘 알고 있지요. 이제 사람들은 싼값의 병든 농작물 대신 유기농이나 친환경 농산물로 관심을 돌리고 있습니다. 이제 돈벌이가 아닌, 자원을 낭비하지 않고 자연스럽게 순환시키는 지혜로운 농사가 필요합니다.

과거 농부들은 생명을 살리는 일을 하면서도 푸대접을 받아 왔습니다. 양반들을 배불리 먹이느라 정작 본인들은 배를 곯아야 했지요. 일제 강점기에는 수탈의 대상이 되었고요. 해방 후 혼란기와 뒤이은 전쟁은 온 나라를 폐허로 만들었습니다. 그 후 들어선 독재 정권은 경제 발전을 한다며 공업화를 추진했습니다. 농부들은 이 과정에서도 차별을 받았습니다. 정부가 농산물 값을 아주 싸게 억제해 버린 거예요. 농민들은 농사를 지어서는 먹고살기 어려웠기에 어쩔 수 없이 도시로 향할 수밖에 없었습니다. 농사지을 사람들이 줄어들자 생산성을 향상시킨다며 농약과 비료, 신품종 등을 강제했습니다.

처음에는 벼가 빨리 자라고 수확량이 많아졌기에 좋아했지만, 점차 농약, 비료, 종자, 농기계 등을 사느라 빚까지 지게 되었어요. 독한 농약 때문에 농부들은 건강에 이상이 생기고 땅도 망가지기 시작했습니다.

생산량은 느는데 농부는 가난해지고 자연이 망가지는 이상한 현상이 발생한 거예요. 농사가 자연의 이치를 거슬렀기 때문이라고 생각하는 사람들이 하나둘 생기기 시작했습니다. 이분들은 생명을 소중히 여기고 자연과 더불어 사는 농사를 지어야 한다고 주장했어요.

대표적인 사람이 원경선 선생입니다. 이분은 1970년대에 당시 유행하던 화학 비료와 제초제를 쓰지 않는 유기농법으로 농사를 지었어요. 생명 존중과 이웃 사랑을 실천했던 그분을 사람들은 '한국 유기농의 아버지'라고 부릅니다.

장일순 선생은 고향인 원주에서 가난한 사람들과 함께 교육 운동과 협동조합 운동을 하다가 1980년대에 '한살림 운동'이라는 걸 주도했습니다. 한살림은 사람과 자연, 도시와 농촌이 함께 사는 생명 세상을 만들기 위해 우리나라에서 맨 처음 만들어진 생활협동조합이에요. 지금은 조합원이 40만 명이 넘는 큰 단체가 되었습니다.

강대인 선생은 자신의 아버지가 농약 중독으로 사망한 것에 충격을 받아서 1979년부터 농약과 화학 약품을 쓰지 않는 유기 농업을 시작합니다. 이분은 오늘날 유기농 벼농사의 선구자로 알려져 있어요. 지금이야 유기 농업이 많이 확산되었지만 박정희 독재 정권 시절에는 매우 힘든 일이었습니다. 정부에서 권하는 농약이나 비료를 제날짜에 쓰지 않으면 간첩이라는, 말도 안 되는 이유로 잡혀가기도 했어요.

당시 유기 농업을 하려면 대단한 용기가 필요했습니다. 원경선, 장일순, 강대인 같은 분들은 이에 굴하지 않고 자연의 이치를 따라 생명을 소중히 여기는 농부의 철학을 지켰던 거예요.

미국인인 스콧 니어링과 헬렌 니어링 부부도 시대를 앞서간 선각자입니다. 1930년대 뉴욕에 살던 이 부부는 가난한 사람들이 열심히 일해도 가난해지는 현실이 뭔가 잘못됐다고 생각했습니다. 이들은 자본주의 산업 문명을 벗어나 버몬트라는 시골의 숲 속에서 살기로 했지요. 그게 남이 가진 것을 빼앗지 않고 더 평화롭게 사는 방법이라고 생각했습니다. 이들은 버려진 자갈밭을 일구어 농약을 사용하지 않고 농사를 지었습니다. 제철에 나오는 곡식과 채소를 가지고 적은 양념과 간단한 조리법으로 음식을 만들어 먹었지요. 큰 기업이 만든 물건은 되도록 사지 않고 돈도 꼭 필요한 데에만 쓰기 위해 조금만 벌었습니다. 필요한 것을 스스로 만들려고 했고요. 나중에 버몬트가 개발되자 이 부부는 더 한적한 메인 주로 옮겨 그곳에서 살았습니다. 대부분 돈벌이에 매달리던 시대에 자연과 더불어 사는 평화로운 삶을 실천한 거예요. 오늘날 여전히 많은 사람들로부터 존경을 받는 이유입니다.

지금도 이런 분들의 뒤를 이어 참 농부의 삶을 살려는 사람들이 있습니다. 직업은 다르지만 틈틈이 시간을 내어 농사를 짓는 사람도 있고요. 세계적으로 도시 농부가 꾸준히 늘어나고 있습니다. 직접 농사를 짓다 보면 생명의 소중함을 깨닫게 되고 먹을 것에 감사하는 마음도 생깁니다. 자연을 관찰하고 그 안에서 지혜를 얻게 되지요. 농사지을 땅과 씨앗이 얼마나 소중한지, 농부가 왜 땅과 씨앗을 지키는 사람인지도 알게 됩니다.

요즘은 어린이집이나 학교에서도 텃밭 가꾸기를 하지요. 어릴 때부터 농부의 마음을 배우는 것이 필요하다는 깨달음이 생겼기 때문입니다. 실제로 농사는 내 몸을 움직여서 생명을 가꾸는 일이기에 몸과 정신이 건강하게 자랄 수 있도록 합니다. 한 번이라도 농사를 지은 사람은 먹을거리를 함부로 대할 수가 없어요.

우리 안의
'농사 유전자'

농사는 몸을 튼튼히 할 뿐 아니라 정신 건강에도 좋습니다. 사람들은 다른 생명을 돌보며 자신이 가치 있는 사람이라는 생각을 하게됩니다. 경쟁이 치열한 요즘 시대에 농사는 우울증이나 정서 불안을 치유하는 데에도 도움이 되지요. 농사는 생명을 살리고 보호하고 존중하는 일입니다. 이는 우리 인간의 본성이기도 하고요. 어린 아기를 보면 사랑스럽고 안아 주고 싶지요. 물고기가 땅에서 펄떡거리고 있다면 물에 넣어 주고 싶습니다. 누가 시키지 않아도 식물이 바짝 말라서 처져 있으면 안쓰러워서 물을 주게 됩니다. 오늘날 세상이 삭막해진 것은 결코 인간의 본성이 악하기 때문이 아니에요. 경쟁과 탐욕을 부추기는 사회 환경 때문이지요. 그럴수록 우리는 자연과 하나가 되어야 합니다.

도시에 살다 보면 흙과 동식물로부터 멀어지기가 쉽습니다. 자그마한 공간이라도 텃밭으로 활용해서 식물을 키우며 내가 먹을 것을 스스로 생산하다 보면 마음이 뿌듯해집니다. 작물과 풀, 곤충을 보면 친근함과 평화로움을 느끼고, 단단하게 포장된 콘크리트가 아니라 폭신한 흙을 밟으면 평화와 안식과 위로를 얻습니다. 생명의 원천인 흙은 폭력과 파괴가 아니라 돌봄과 생산이라는 긍정적인 에너지를 주기 때문이에요. 그런 의미에서 농사는 결국 자기 자신을 돌보는 일이기도 합니다.

어쩌면 우리 몸에는 농사 유전자가 있는지도 모릅니다. 요즘은 사람들이 하나둘 텃밭으로 모입니다. 흙을 밟으며 작물을 키우면서 보람을 찾는 사람들이 나날이 늘어가고 있어요. 도시 농부들은 주말이나 쉬는 날을 밭에서 보내며 삭막한 도시에서 쌓인 스트레스를 날려 버린다고들 말해요. 요즘은 학생들도 자주 텃밭을 찾습니다. 공공기관이나 단체에서 운영하는 농부 학교도 많고, 텃밭 활동을 하는 직장이나 동아리도 늘고 있습니다. 텃밭은 풍요로운 물질문명이 채워 주지 못하는 현대인들의 마음을 품어 주는 곳이 되어가고 있습니다.

텃밭 활동을 하다 보면 자연스럽게 서로 협력하는 공동체 정신이 살아납니다. 직장일은 혼자서 할 수 있지만 농사는 그렇지가 않거든요. 손을 빌려야 할 때가 많습니다. 밭을 갈거나 풀을 맬 때도 혼자보다 동료가 있으면 더 힘이 나고, 일도 일찍 끝납니다. 무거운 물건을 옮길 때는 꼭 여럿이 함께해야 하고요. 거둔 작물을 이웃과 나누는 일도 많아집니다. 함께 있지만 혼자인 것처럼 외롭게 살아가는 도시인들에게 텃밭은 정을 나누는 공동체를 제공하는 역할을 합니다.

도시에 농사짓는 곳이 많아지면 환경도 좋아집니다. 녹색 식물들

텃밭 활동을 하다 보면 자연스럽게 서로 협력하는 공동체 정신이 살아납니다.

직장일은 혼자서 할 수 있지만 농사는 그렇지가 않거든요.

(…)

함께 있지만 혼자인 것처럼 외롭게 살아가는 도시인들에게

텃밭은 정을 나누는 공동체를 제공하는 역할을 합니다.

이 산소를 공급하면서 공기도 맑아지지요. 아스팔트나 보도블록이 깔린 땅에서는 물을 흡수하지 못하기 때문에 비가 많이 왔을 때 넘칠 가능성이 많지만, 흙과 식물의 뿌리는 빗물을 오래 잡아 두어 천천히 강으로 흘러가게 돕습니다. 하수도 역류 같은 문제를 방지할 수 있지요. 논과 밭이 많을수록 빗물을 잘 모아 둘 수 있습니다. 이는 뜨거운 여름에 땅을 식혀 주는 역할도 합니다. 식물은 뿌리를 통해 흡수된 물을 잎의 숨구멍을 통해 밖으로 내보내는데 이때 대기 중에 수분을 제공하는 가습기 역할을 합니다. 도시 농사는 탁한 공기를 정화해 줄 뿐만 아니라 촉촉하게 만들어 줍니다.

그런 의미에서 텃밭뿐 아니라 벼농사를 짓는 것도 중요합니다. 논이 많으면 홍수, 가뭄, 물 부족 같은 문제를 지금보다 덜 겪을 수 있어요. 물에서 사는 여러 가지 생물들도 늘어나기 때문에 생태계가 더 다양해진다는 장점도 있습니다. 물론 화학 농약 같은 걸 사용하지 않는다면 말이에요.

자연을 살리는
음식이 맛도 좋다

오늘 아침에 뭘 먹었나요? 집에서 밥과 김치, 그리고 된장찌개를 먹었거나 빵과 달걀부침, 우유를 먹은 사람도 있을 겁니다. 아니면 미숫가루나 라면, 시리얼 같은 간편한 음식을 먹었을 수도 있겠지요. 혹시 아침을 거른 사람도 있나요? 바쁜 일상이니 그럴 수도 있습니다. 학생이라면 점심은 학교에서 급식을 먹을 수 있겠지요. 저녁 식사는 또 어떻게 할까요? 가족들과 함께? 식당이나 편의점에서? 사는 모습이 다른 만큼 매일 먹는 밥도 다양합니다. 그러나 우리가 살면서 '먹는 밥'이 가장 중요하다는 사실만큼은 같아요.

"내가 먹은 음식이 바로 나"라는 말이 있습니다. 사람 몸을 이루는 세포는 70~100조 개라고 해요. 세포마다 수명이 다른데 그중 피부 세포는 60일 정도라고 해요. 지금 이 순간에도 죽은 세포를 대신해 새롭게 세포들이 생겨나고 있습니다. 이때 에너지원이 필요해요. 우리가 먹은 음식 중에서 일부는 힘을 쓰는 에너지로 사용되고 일부는 몸을 구성한다는 건 알고 있지요? 우리가 먹은 음식이 새로운 세포를 만들어 내는 거예요. 피부, 머리카락은 물론 우리 몸 안의 기관이나 뼈, 피, 호르몬 같은 것도 마찬가지입니다.

음식은 우리 몸뿐만 아니라 마음도 만듭니다. 뇌에도 영향을 미쳐서 불안이나 공포 같은 감정을 일으키기도 하고 반대로 평화, 행복, 안정 같은 좋은 감정을 느끼게도 합니다. 그만큼 음식이 인간에게 미치는 영향이 크다는 거예요. 그래서 예로부터 임신한 사람은 가장 예쁘고 깨끗하고 바른 음식을 먹으라고 했습니다. 그 이유는 태아의 몸과 마음이 튼튼하고 반듯하게 생기기를 바랐기 때문이에요.

동물도 마찬가지입니다. 예를 들어 초식 동물인 소는 풀을 뜯어 먹습니다. 고기를 먹지 않아요. 사슴이나 기린 같은 되새김동물이기 때문입니다. 이 동물들은 한번 삼킨 먹이를 게워 내서 다시 씹어 먹기 때문에 섬유질 소화를 아주 잘합니다. 그런데 소를 공장식으로 키우는 산업적 목축이 생겨나면서 문제가 생깁니다. 풀보다 먹이기 쉽고 성장도 빠르게 하는 옥수수 사료를 먹인 거예요. 곡류를 먹이자 몸속에 지방이 축적되었고 고기 맛이 달라집니다. 먹는 음식이 달라지자 소의 몸이 달라진 거예요. 사람들은 점점 새로운 고기맛에 중독됩니다.

기업은 돈을 벌려는 욕심에 동물성 사료까지 먹이게 됩니다. 이때부터 무시무시한 일이 생겨요. 바로 '광우병'이라는 질병의 등장입니다. 1986년 영국에서 광우병이 유행하는데, 그 원인을 두고 논란을 빚습니다. 초식 동물인 소에게 먹인 동물성 사료가 독성 물질이 되어 소의 뇌를 공격해서 생겼다는 설이 유력해지지요. 소의 광우병은 '프리온'이라는 전염성을 갖는 단백질이 원인인 것으로 알려집니다. 광우병에 걸린 소는 뇌에 구멍이 생기면서 방향 감각을 잃는 등 이상행동을 보이다가 죽게 됩니다. 이 병이 더욱 심각한 것은 사람도 전염될 수 있다는 거예요. 당시 광우병에 걸린 소의 고기를 먹고 비참하게 죽은 사람이 200명이 넘었습니다. 광우병 공포가 높아지자 영국 정부도 대책을 마련합니다.

1990년 5월에는 영국의 농림부 장관이 텔레비전 카메라 앞에서 쇠고기가 안전하다며 캠페인을 벌였죠. 네 살짜리 딸과 함께 쇠고기 패티로 만든 햄버거를 먹기도 했어요. 그런데 장관 친구의 딸인 엘리자베스 스미스라는 여성이 17년 후 인간 광우병으로 사망했지요. 결국 영국 시민들은 광우병이 인간에게 해롭지 않다는 정부의 선전을 의심하게 되었습니다. 전 세계적으로 인간 광우병에 대한 논란은 지금껏 이어지고 있어요. 그런데 초식 동물인 소에게 동물성 사료를 먹인 것이 광우병을 일으킨 치명적 원인이었다는 데에는 의견이 일치해요. 병에 걸린 동물을 인간이 먹었을 때 몸에 좋을 리가 없다는 것은 상식이 아닐까요?

음식은 오감으로 먹는다고 합니다. 보고, 냄새 맡고, 만지고, 소리를 듣고, 혀로 느끼면서 먹지요. 그런데 햇빛과 바람을 충분히 받고 저절로 익어서 나뭇가지에서 똑 떨어진 사과하고, 화학 비료로 키워 인위적으로 몸집을 불린 사과의 맛이 같을까요? 들판에서 여유롭게 풀을 뜯어 먹고 살았던 소와 좁은 사육장에 갇혀 사료를 먹으며 스트레스를 잔뜩 받고 살았던 소의 고기 맛은 또 어떻게 다를까요? 우리는 지금 내 눈앞에 있는 음식이 어떤 과정을 거쳐 이 자리에 오게 되었는지 잘 살펴야 합니다. 우리가 즐겨 먹는 치킨은 어떻게 키운 닭으로 만들어졌을까요? 함께 들어 있는 무절임은 어떤 땅에서 어떤 양분을 흡수하며 자란 무로 만들었을까요?

하나의 음식 안에는 자연 그 자체가 들어 있습니다. 음식의 재료들이 자라기까지의 과정에는 이를 키우고 거둔 농부의 노력과 비, 바람, 흙 속의 작은 미생물까지, 모든 자연이 한데 녹아 있습니다. 이 것이 다시 내 몸을 구성하고 내가 활동할 수 있는 에너지를 제공하지요. 그리고 그 활동은 또다시 자연에 영향을 미칩니다.

좋은 음식은 자연의 순환과 이치에 맞게 키워진 재료로 만들어야 해요. 고유의 맛과 향이 살아 있는 신선한 재료라면 별다른 조리 과정을 거치지 않아도 맛있어요. 달걀은 무정란보다 유정란이, 쌀은 백미보다 현미가 더 생명력이 있습니다. 유정란에는 나중에 병아리로 태어날 힘이 있고, 현미에는 싹이 터서 더 많은 쌀을 맺을 힘이 있어요. 우리에게도 좋은 에너지원이 됩니다.

좋은 재료는 제철에 나온다는 것도 잊으면 안 돼요. 여러분은 농부들이 곡식과 채소를 언제 거두는지 알고 있나요? 곡식이나 채소는 물론 딸기나 수박, 포도 같은 과일들도 다 철이 있습니다. 5월에 딸기, 7~8월에 오이와 수박을 거두는 것처럼 말이지요. 따뜻한 지역인 제주도에서는 겨울에 밀감을 수확하지요. 하지만 언제부터인가 딸기는 오히려 제철인 5월에 찾아보기가 어려워요. 겨울에 먹는 수

박은 어떻게 된 걸까요? 요즘은 마트에 가면 1년 내내 과일을 볼 수 있습니다. 이런 작물들은 오래 저장해 두었거나 외국에서 사들였거나 비닐하우스 같은 데서 재배한 것들이에요. 제철 농산물과는 다릅니다.

제철 농작물은 가장 적합한 날씨에 땅과 하늘의 기운을 받고 자란 것들이에요. 철이 아닐 때 기르려면 그런 환경을 인위적으로 만들어야 합니다. 그러나 완벽하게 맞출 수가 없지요. 기계로 온도를 맞춘다고 해도 한여름 무더위, 겨울철 강추위만 하겠어요?

자연스러운 것이 가장 안전하고 건강한 것입니다. 여러분도 할머니, 할아버지께 한번 여쭤 보세요. 봄에는 어떤 채소가 나는지, 여름과 가을에는 어떤 과일이 열리는지, 살피다 보면 자연의 풍요로움도 느끼고 우리 건강도 챙길 수 있을 겁니다.

자연에서 키운 좋은 재료가 준비되었으면 요리를 할 차례입니다. 이때 필요한 것은 만드는 사람의 솜씨와 정성입니다. 같은 재료라 해도 요리하는 사람에 따라 맛이 다르지요? 솜씨 차이도 있겠지만 마음가짐도 영향을 미칩니다.

어떤 사람은 행복하고 즐거운 마음으로 재료를 다듬고 씻고 썰고 가열해서 만들고, 어떤 사람은 귀찮아하며 불만 가득한 마음으로 요리합니다. 그 맛이 같을까요? 사람들이 맛있는 요리를 먹었을 때 '어머님 손맛'이 느껴진다고들 하지요. 사랑과 정성이 담겼을 때 더욱 맛이 좋다는 뜻일 거예요.

음식 재료는 모두 살아 있는 생명이었기 때문에 주변 공기, 온도,

여러분은

농부들이 곡식과 채소를

언제 거두는지 알고 있나요?

곡식이나 채소는 물론 딸기나 수박, 포도 같은 과일들도

다 철이 있습니다.

5월에 딸기,

7~8월에 오이와 수박을 거두는 것처럼 말이지요.

습도에 반응합니다. 그래서 음식을 담는 그릇도 중요해요. 플라스틱이나 합성 제품으로 만든 그릇은 가볍고 편하지만 음식엔 좋지 않습니다. 나무나 흙으로 만든 그릇이나 도구를 사용하면 신선함과 고유의 맛을 오래 유지할 수 있어요.

옛날 사람들은 흙으로 빚은 항아리나 옻칠한 나무 그릇을 썼습니다. 항아리는 외부와 공기 순환이 되기 때문에 김치나 된장 같은 발효 음식에 특히 좋습니다. 옻은 물이 스며들거나 벌레 등이 살 수 없게 하는 효능이 있어서 쉽게 상하는 음식에 좋고요. 지금부터 100년이나 200년쯤 전의 밥상을 떠올려 볼까요? 밥은 무쇠로 만든 가마솥에 짓고 김치는 흙으로 만든 옹기 항아리 속에 있었어요. 밥과 반찬은 사기그릇에 담고, 새참으로 먹는 감자나 옥수수를 담을 때는 나무 그릇이나 소쿠리를 사용하기도 했지요. 숟가락이나 젓가락은 놋쇠로 만든 것을 많이 사용했고요. 무겁고 불편했지만 건강에는 좋았습니다. 사람들도 이 사실을 잘 알기에 지금도 놋그릇(유기)이나 옻칠한 나무 그릇은 고급 식기로 사랑받고 있습니다.

공장식 축산의
피해

"작은 형제여, 너를 죽여야만 해서 미안하다. 그러나 네 고기가 필요하단다. 내 아이들은 배가 고파 먹을 것을 달라고 울고 있단다. 작은 형제여, 용서해다오. 너의 용기와 힘 그리고 아름다움에 경의를 표하마. 자, 이 나무 위에 너의 뿔을 달아 줄게. 그리고 그것들을 붉은 리본으로 장식해 주마. 내가 여기를 지나갈 때마다 너를 기억하며 너의 영혼에 경의를 표하마. 너를 죽여야 해서 미안하다. 작은 형제여, 나를 용서해다오."

아메리카 원주민들이 사냥하기 전에 읊었던 시라고 합니다. 이를 통해 자신들이 앞으로 사냥할 동물의 죽음을 기리고 넋을 위로하려고 했지요. 이들은 동물을 죽일 때도 가장 고통을 덜 느끼게 하는 법을 어릴 때부터 배운다고 합니다. 즉, 꼭 필요할 때만, 고맙고 미안한 마음으로 사냥을 했던 거예요.

인간이 고기를 먹기 시작한 것은 아주 오래전부터입니다. 사냥과 채집을 하면서 살던 시절부터 고기를 먹었지요. 그러다가 사냥감을 쫓는 대신 기르는 방법을 택하기 시작합니다. 마을에서 소나 돼지, 닭을 키워서 잡아먹는 거예요. 이리저리 돌아다니며 사냥을 할 필요가 없습니다. 이 동물들에게는 자연에서 얻은 풀과 같은 먹잇감이나 사람이 먹고 남은 음식을 주었지요. 동물들은 이걸 먹고 쑥쑥 자랐습니다. 우리 조상들도 오래전부터 가축을 길렀는데요, 소나 닭을 키우다가 명절이나 잔칫날에 잡아서 음식을 만들곤 했습니다.

그러다가 인구가 늘고 고기를 찾는 사람들이 많아지면서 목축이 하나의 산업이 됩니다. 이윤을 늘리기 위해 궁리를 거듭하지요. 동물을 기를 땅과 먹이에 드는 비용은 줄이고 고기는 많이 생산하는 방법을 찾습니다. 현대에 이르러서는 공장식 축사가 성행하면서 좁은 우리에 소나 돼지를 여러 마리 키웁니다. 몸집이 작은 닭은 땅도 아까워서 아파트처럼 여러 층으로 된 우리에 가두지요. 이 동물들에게는 공장에서 만든 값싼 사료를 먹입니다. 예전에는 가축들이 저마다 먹이를 찾으러 다니거나 때가 되면 주인들이 가져다주었지만, 이제는 정해진 먹이를 공장에서 생산해 공급하는 식으로 바뀐 겁니다.

한 뼘도 안 되는 좁은 닭장에서 모이를 쪼아 먹는 닭, 몸을 움직일 수조차 없는 좁은 공간에서 스트레스를 받아 서로 물어뜯는 돼지, 동물성 사료를 먹고 광우병에 걸린 소, 이 모든 것이 공장식 축산으로 빚어진 일입니다.

동물들은 죽을 날만 기다리며 하루하루를 살아가게 됩니다. 병에 걸리지 말라고 항생제를 놓고, 더 빨리 몸집을 키우라고 성장 촉진제를 맞춥니다. 사람들의 먹을거리와 돈벌이의 대상이 된 동물들은 늘 스트레스 속에서 살아갈 수밖에 없습니다. 이렇게 키워진 동물들은 공장에서 나온 획일적인 사료 섭취와 운동 부족, 스트레스를 주는 사육 환경 때문에 쉽게 병에 걸립니다. 항생제를 주사하거나 사료에 넣어서 먹여도 그때뿐입니다. 내성이 생기기 때문이에요. 세균이 항생제를 이기려고 더욱 강해집니다. 그러면 더 독한 항생제를 쓰고 그럼 더 센 세균이 나타나고, 이런 악순환이 계속되는 거예요. 항생제는 올바른 해법이 아니에요. 약을 개발하고 파는 사람들에게만 도움이 됩니다. 원인은 공장식 사육 방식 자체에 있습니다.

조류 인플루엔자, 구제역 같은 전염병이 유행하는 이유는 집단 사육과 항생제 남용에 있어요. 내성이 생겨 더욱 강해진 세균이 널리 퍼진 겁니다. 광우병도 마찬가지예요. 고기를 더 빨리 더 많이 얻기 위해 동물의 행복하게 먹고살 권리를 빼앗은 결과지요. 인간이 자초한 질병이라고 할 수 있습니다. 옛날에는 한 마을이나 한 집에서 키우는 동물 중 한두 마리가 병에 걸려도 나머지는 거뜬하게 살아남았습니다. 한곳에 가둬 놓고 키우는 지금은 전염병 한 번에 수백만 마리의 동물이 떼죽음을 당해요. 인간에게 전염되어 피해를 주기도 하고요. 탐욕에는 반드시 대가가 따르게 마련입니다.

입맛을 망치는
화학 첨가물들

조리법이 따로 없었던 아주 옛날에는 날곡식이나 날고기를 먹었어요. 그러다가 불을 발견하면서 익혀 먹는 게 맛도 좋고 소화도 잘 된다는 걸 알게 되었을 겁니다. 이후로 사람들은 더 맛있는 음식을 먹기 위해 다양한 조리법을 개발합니다. 익히거나 찌거나 절이는 법을 알게 되고 양념을 사용한다든가 발효를 시킨다든가 하면서 같은 재료로 다양한 맛을 냅니다.

세상에는 참 여러 가지 맛이 있습니다. 보통은 크게 단맛, 짠맛, 신맛, 쓴맛으로 구분하지요. 한국 사람들이 좋아하는 매운맛도 있다고요? 매운맛은 혀에서 느끼는 맛이라기보다 통증의 일종입니다. 이것이 다른 맛과 결합하면서 맛있다고 느껴지는 거라고 해요. 우리는 어떤 음식이나 재료를 떠올리면 맛도 같이 연상할 수 있습니다. 사과는 달콤하다, 귤은 새콤하다, 소금은 짭짤하다, 도라지는 쌉쌀하다는 걸 알고 있지요. 그런데 사과와 수박과 포도는 모두 달지만 그 맛이 똑같지는 않지요? 재료를 구성하는 성분과 질감, 수분량에 따라 맛이 다릅니다. 음식에 어떤 맛을 내기 위해 추가하는 재료도 있습니다. 소금, 고춧가루 같은 양념이 그것이에요. 요리는 재료가 가지고 있는 본연의 맛과 향을 살려서, 단순하고 소박하게 그리고 정성을 담아서 만들어야 합니다. 따라서 양념은 재료가 가진 고유의 장점을 살리는 동시에 영양분 손실을 줄이고 섭취를 돕는 방식으로 더해져야 합니다.

20세기 들어서 화학 산업이 발달하면서 새로운 양념이 등장합니다. 화학조미료 같은 인공 첨가물이 그것이에요. 농사에 화학 비료를 쓰는 것처럼 요리에도 천연 양념 대신 화학적으로 합성한 인공 첨가물을 쓰게 됩니다.

식품 첨가물에는 가장 많이 쓰이는 화학조미료 외에도 착색료, 감미료, 보존료, 산화방지제, 착향료, 산미료, 팽창제, 표백제, 발색제, 산도조절제, 향미증진제, 영양강화제 등 여러 종류가 있습니다. 이름에서도 알 수 있듯이 이러한 첨가물을 사용하는 이유는 색깔과 윤기를 내고, 맛이나 향기를 좋게 하고, 보존 기간을 늘리기 위해서예요.

고기나 채소에 발색제를 사용하면 색깔과 광택이 좋아져서 신선해 보입니다. 오래 두어서 검거나 탁하게 변한 식품에 착색료를 입히면 곱고 예쁜 색깔로 변하지요. 맛과 향도 조절할 수 있습니다. 말하자면 다양한 화학 약품들을 통해서 우리의 눈과 혀를 속일 수 있다는 거예요.

미국의 호멜푸드라는 회사는 1920년대에 아주 싼 돼지고기에 화학 첨가물을 섞어 만든 스팸(SPAM)이라는 제품을 개발합니다. 그리고 이 제품을 홍보하기 위해 사람들이 귀찮을 정도로 광고를 해대지요. 우리가 요즘 쓰는 '스팸메일'은 여기서 비롯합니다. 어쨌든 이상품이 히트를 치고 호멜푸드 사는 당시에 큰돈을 벌었어요.

그 후로 공장에서 만들어지는 가공식품에 수많은 식품 첨가물이쓰입니다. 그러다가 첨가물이 건강에 해롭다는 연구 결과가 많아지면서 각 나라에서 사용을 규제하게 되었지요. 우리나라도 첨가물의사용을 법으로 제한하고 있어요. 과거에는 안전하다고 했던 물질이유해하다고 밝혀지는 일이 많기에 기준도 계속 변하고 있습니다. 그러나 아무리 기준치를 제시하고 기준치 이하는 괜찮다고 해도 인공적으로 만든 물질이 건강에 결코 좋을 리는 없겠지요. 해롭지 않다는 게 이롭다는 뜻은 아니니까요. 인공적인 식품 첨가물을 사용하지않는 게 가장 좋습니다.

식품 첨가물은 건강에도 안 좋지만, 우리의 입맛을 왜곡하고 중독에 이르게 한다는 점도 문제입니다. 한번 첨가물이 들어간 음식을맛보면 자꾸 찾게 돼요. 첨가물로 음식을 만드는 사람들도 이걸 잘알고 있어요. 식품 산업이 커질수록 사람들의 미각을 사로잡을 첨가물을 계속 개발합니다. 음식을 사 먹는 일이 점점 많아지다 보니 첨가물을 섭취하는 횟수도 많아집니다.

갓난아기들도 첨가물이 들어간 분유나 이유식을 먹게 돼요. 생활이 바쁜 학생, 직장인들은 편의점이나 길거리에서 첨가물로 범벅된인스턴트 식품을 사 먹습니다. 가족끼리 외식하는 일도 많지요. 일

일이 손으로 만들기보다 공장에서 대량으로 생산된 음식들에는 첨가물이 많이 들어갈 수밖에 없어요. 인공적인 맛이 많아지는 현실에서 건강하고 신선한 음식을 찾기란 어려운 일입니다. 그럴수록 진짜를 구별해 내는 능력이 필요합니다.

식품 첨가물의 목적은 건강이 아닙니다. 사람 몸에 필요하거나 이로운 성분을 제공하는 것이 아니라 보기 좋게하거나 향이나 맛을 내려고 쓰는 거예요. 물론 썩지 않고 오래가게끔 하는 방부제 같은 것들도 있지요. 내가 직접 만들어 먹는다면 그래야 할 이유가 없습니다. 신선한 재료로 일체의 첨가물을 쓰지 않고도 얼마든지 훌륭한 한 끼 식사를 만들 수 있어요. 문제는 여기에는 비용과 시간, 그리고 노력이 필요하다는 겁니다.

우리 조상들은 예로부터 음식 재료를 끓이거나 볶거나 쪄서 바로 먹기도 했지만, 간장이나 된장처럼 좀 더 오래 두고 먹기도 했습니다. 김치, 두부, 된장, 고추장, 간장, 식혜, 떡 같은 '가공식품'들에는 재료가 가진 성질을 잘 이용해서 더 맛있게 먹거나 새로운 맛을 내거나 오래 보관하게 하려는 조상들의 지혜가 담겨 있었습니다.

요즘은 가공식품의 종류가 셀 수 없을 만큼 많아졌지요. 차이가 있다면 집에서 조금씩 만들어 먹는 게 아니라 공장에서 대량으로 생산된다는 점이겠지요. 가공식품을 만드는 회사들은 전통적인 방식보다는 화학 물질을 사용해서 단시간에 만드는 방법을 더 좋아합니다. 그래야 비용을 줄일 수 있으니까요.

예전에 두부를 만들 때는 바다 소금으로 만든 '간수'를 썼는데, 요즘은 '응고제'를 사용합니다. 둘 다 콩의 단백질을 굳히는 역할을 하지만, 우리 몸에 미치는 영향은 차이가 크지요. 주스를 만들 때도 인공적인 가공 기술이 들어갑니다. 남아메리카산 오렌지로 만들었다고 하는 주스를 한번 볼까요? 겉 포장을 보면 '100퍼센트 오렌지'라고 적혀 있습니다. 그런데 만들어지는 과정을 보면 고개를 갸우뚱하게 되지요. 생산지에서 바로 주스로 만들어 실어 나르려면 비용이 많이 듭니다. 그래서 부피와 무게를 줄이기 위해 끓이고 끓여서 진한 원액으로 만들어요. 이걸 가져와서 물과 섞습니다. 이때 각종 첨가물이 들어가요. 원액에 물을 섞는다고 해서 오렌지 특유의 맛과 향이 살아나지 않기 때문입니다. 걸쭉한 질감을 살리기 위해 풀이나 접착제 비슷한 성분을 집어넣고, 색이나 향을 비슷하게 하려고 색소나 향신료도 넣어요. 100퍼센트라는 표현은 산지에서 거둔 오렌지를 그대로 갈아서 만든 원액일 거라고 착각하게 하기 때문에 이는 소비자를 속이는 행위입니다.

가공식품을 살 때는 '100퍼센트 오렌지' 같은 커다란 광고 문구보다는 뒷면에 작게 표기된 성분 표시에 주목해야 해요. 과자나 라면처럼 자주 먹는 식품일수록 더 잘 살펴야 합니다. 포장지를 보면 첨가물이 나와 있어요. 귀찮기도 하지만 읽어 봐도 무슨 말인지 모르겠다고요? 당연합니다. 만든 회사도 파는 곳에서도 이 첨가물의 유해성에 대해 알려주지 않으니까요. 스스로 알아보는 수밖에 없습니다. 요즘은 인터넷에도 관련 자료들이 많이 올라와 있어요.

먹더라도 알고 먹어야 한다는 겁니다. 가공 공정이 많을수록 첨가물도 많아집니다. 가격이 쌀수록 싼 재료를 썼을 가능성이 많고요. 때깔이라도 좋게 보이려고 각종 첨가물을 집어넣었을 확률이 높습니다. 따라서 가공식품보다는 싱싱한 재료로 바로 해 먹는 음식이 좋고, 가공식품 중에서는 먼 나라에서 들여온 재료보다는 우리나라에서 난 것을 쓴 것이 더 나아요.

발효 없는
발효 식품

우리나라를 대표하는 음식에는 뭐가 있을까요? 당장 떠오르는 것만 해도 김치, 불고기, 된장, 고추장, 비빔밥 등 아주 많습니다. 그중에서 김치와 된장은 대표적인 발효 식품이지요. 발효란 효모나 세균 같은 미생물이 유기물을 분해하는 과정에서 알코올류, 유기산류, 이산화탄소 등의 물질이 생기는 것을 말합니다. 식초나 간장, 치즈, 요구르트 같은 음식도 이렇게 해서 만들어지지요. 발효 식품은 맛이나 향이 시큼한 게 특징입니다. 발효가 잘된 음식은 맛과 향도 좋지만 소화를 잘 되게 하고 우리 몸속에 유익한 균을 제공합니다. 그래서 발효 음식을 건강식품, 장수 식품이라고 해요.

옛날 어른들은 배탈이 나거나 소화가 안 될 때 된장이나 매실 발효액을 먹었어요. 그 안에 소화를 잘 되게 하는 균이 있기 때문입니다. 냉장고가 없던 옛날에는 여름철에 돼지고기를 먹을 때 꼭 새우젓에 찍어 먹었습니다. 새우젓의 발효균이 혹시 돼지고기에 있을지도 모를 식중독균의 활동을 억제하는 효과가 있기 때문입니다. 생선회를 먹을 때 간장이나 초고추장처럼 발효된 양념을 찍어 먹는 것도 같은 이치예요.

"떡 줄 사람은 꿈도 안 꾸는데 김칫국부터 마신다", "떡방아 소리 듣고 김칫국 찾는다"는 속담이 있지요? 떡이 빡빡하니까 목 넘김을 부드럽게 하려고 마시기도 했지만, 김칫국에 있는 발효균이 먼저 위에 들어가서 떡의 소화를 돕기도 했습니다. 세계적인 장수 마을을 조사해 보면 그 지역 사람들이 유난히 즐겨 먹는 음식 중에 꼭 발효 음식이 있어요. 의학의 아버지로 불리우는 히포크라테스는 "음식으로 고칠 수 없는 병은 약으로도 못 고친다"고 했어요. 좋은 음식이 그만큼 건강에 중요하다는 뜻이겠지요.

발효 음식을 만들려면 미생물이 활동할 수 있는 조건을 갖춰야 합니다. 따뜻한 온도와 적당한 습도, 미생물들이 재료를 발효시키는 데 시간이 필요해요. 온도나 습도가 맞지 않으면 제대로 발효되지 않아 변질되고, 시간이 부족해도 제맛이 안 나게 마련입니다. 오늘 담근 된장을 다음 주나 다음 달에 먹을 수는 없는 이유예요. 이렇게 발효를 시켰다고 해도 그때그때 맛이 다릅니다. 이유는 그 집에 사는 미생물의 종류와 수에 차이가 있기 때문이에요. 그래서 특별히 장맛이 좋은 집이 있습니다. 그런 데서는 대대로 이 맛을 내기 위해 '씨된장'이나 "씨간장"을 새로 담그는 재료에 넣곤 했어요. 그 말은 발효시킬 때 비슷한 미생물들이 계속해서 활동했다는 뜻이겠지요.

요즘은 직접 장을 담그는 집이 드뭅니다. 대부분 사서 먹지요. 그런데 파는 것 중에는 무늬만 발효 음식인 게 있어요. 파는 된장, 간장, 고추장, 식초 중에는 발효 식품이 아닌 것이 더 많습니다. 발효에는 시간과 비용이 많이 들기 때문입니다. 더 적은 시간에 더 빨리 상품을 만들려다 보니 흉내만 내고 마는 것이지요.

발효는 미생물이 화학적으로 재료를 분해하는 과정입니다. 예를 들어 단백질은 아미노산으로 분해하고, 전분은 당으로 분해가 되지요. 전통적인 발효 방식에는 미생물들이 활동하는 시간이 필요하고 온도와 공기도 맞춰야 하기 때문에 정성이 필요하지요. 그런데 공장에서 만드는 가짜 발효 식품에는 이런 절차가 생략됩니다. 대신 화학 약품으로 짧은 시간에 재료를 분해해 버려요. 그러면 미생물의 작용으로 만들어지는 진짜 발효 식품과 같은 깊은 맛과 향이 나오지 않기에 그걸 흉내 내려고 여러 가지 식품 첨가물을 집어넣습니다. 이런 가짜 발효 식품은 오히려 건강에 해롭습니다.

예를 들면 전통적인 된장이나 간장은 메주콩을 통째로 삶아 메주를 만드는데, 시중에서 팔리는 것들은 그렇지 않습니다. 유전자 조작된 수입 콩으로 기름을 짠 다음, 남은 찌꺼기를 사용해요. '산분해 간장'의 경우는 시간과 정성이 많이 드는 미생물의 발효 과정을 생략하고 대신 염산이라는 강한 화학 약품으로 몇 시간 만에 콩 찌꺼기를 분해해서 만듭니다. 독한 화학 약품 냄새를 감추고 맛을 내려고 각종 첨가물을 넣지요. 이렇게 만들어진 음식이 몸에 좋을 리 없습니다. 원재료부터 신선도가 떨어지고 분해 과정과 색깔과 냄새와 맛 모두 화학적으로 처리된 음식에 포장만 화려하게 해서 사람들을

전통적인 된장이나 간장은

메주콩을 통째로 삶아 메주를 만드는데,

시중에서 팔리는 것들은

화학적으로 처리합니다.

유전자 조작된 수입 콩으로 기름을 짠 다음,

그 찌꺼기를 사용해요.

현혹합니다.

　우리가 생화와 조화, 진짜 돈과 위조지폐를 구별하듯이 진짜 발효 음식과 흉내만 낸 가짜를 구별할 줄 알아야 해요. 화려하게 포장된 채 진열된 제품의 광고 문구만 보고 옛날 할머니나 어머니가 담그셨던 된장보다 더 과학적이고 위생적이라고 생각한다면 아주 큰 착각입니다.

좋은 먹을거리를
안전하게

우리나라는 1960년대까지 농업 국가였습니다. 지금은 상상하기 어렵지만, 그때까지만 해도 인구 중에 농사를 짓는 사람들이 가장 많고 농업이 가장 중요한 산업이었어요. 농부가 많으니 먹을 것은 거의 자급자족했습니다. 직접 지은 벼를 수확해서 밥을 짓고 텃밭에서 키운 작물로 반찬을 해 먹었지요. 물론 그때도 사 먹는 음식이 있었지만 우리 밥상에서 차지하는 비중은 크지 않았지요.

'신토불이'(身土不二)라는 말이 있습니다. 자기가 사는 땅에서 나온 것이 자기 몸에 잘 맞는다는 뜻입니다. 이 말을 확대 해석하면 우리나라 사람에게는 추운 지역이나 더운 지역에서 자란 농산물보다 같은 온대 지역 것이 낫고, 그중에도 유럽이나 아메리카보다는 아시아 온대 지역에서 나온 게 몸에 더 좋다고 할 수 있어요. 물론 집 앞 텃밭에서 키운 작물을 따라갈 수는 없겠지만 말이에요.

조선 시대 화가 김홍도의 「점심」이라는 그림에 보면 농부들 밥그

롯이 유독 크게 그려진 걸 볼 수 있어요. 그만큼 밥을 많이 먹은 거예요. 당시 농부들이 '밥심'으로 일을 했다고 추측할 수 있습니다. 우리나라 사람들은 예전부터 우리 땅에서 나는 곡식을 먹고 기운을 냈어요. 쌀을 주식으로 해서 여기에 여러 잡곡을 섞어 먹고 두부, 된장, 콩자반 등 우리 땅에서 많이 나는 콩 요리를 먹었지요. 신토불이를 몸소 실천하면서 건강을 지키며 살았던 거예요.

요즘은 대부분의 사람들이 음식 재료를 사서 먹습니다. 도시에 사는 사람들은 물론 농부들도 가까운 마트에서 재료를 사오지요. 진열된 농산물을 보면 멀리 바다 건너온 것들도 꽤 있습니다. 저장 시설과 운송수단의 발달은 이런 현상을 더욱 확산시켰지요. 옛날에는 내륙에 사는 사람들은 해산물 구경하기 힘들었지만 지금은 전 세계의 농산물을 손쉽게 구할 수 있습니다.

생산된 농산물이 우리 밥상에 오르기까지 여러 과정을 거칩니다. 직거래처럼 간단할 수도 있고 수입 농산물처럼 복잡할 수도 있어요. 그런데 이 과정이 복잡하고 길수록 신선도나 안전성은 떨어집니다. 농산물은 공산품과는 달라서 시간이 갈수록 시들거나 성분이 변하기 때문이에요. 맛과 향이 덜해지는 것은 물론 독성이 생길 수도 있습니다. 그래서 유통 거리가 짧고 단계가 간단할수록 싱싱하고 안전한 농산물일 가능성이 높아요.

먼 나라에서 농산물을 배에 싣고 들여오는 과정을 한번 생각해 볼까요? 운송하는 시간이 오래 걸리니까 그동안 상하거나 변질되는 것을 막기 위해 살균제, 살충제 같은 농약 또는 방부제 같은 약제 처

조선 시대 화가 김홍도의 「점심」이라는 그림에 보면

농부들 밥그릇이 유독 크게 그려진 걸 볼 수 있어요.

그만큼 밥을 많이 먹은 거예요.

당시 농부들이 '밥심'으로 일을 했다고 추측할 수 있습니다.

우리나라 사람들은 예전부터 우리 땅에서 나는 곡식을 먹고 기운을 냈어요.

리를 합니다. 외국 여행 중에 먹는 그 나라 음식과 우리나라에 수입해서 들여온 음식은 전혀 달라요. 특히 우리가 자주 많이 먹는 국수, 빵, 과자의 재료인 밀가루는 대부분 수입산 밀로 만듭니다. 외국에서 들여온 밀을 우리나라에서 빻고 가공해서 밀가루로 만드는데 문제는 이 밀에 엄청난 농약이 뿌려졌다는 거예요.

수입 농산물의 또 다른 문제는 수송 과정에서 연료와 자원을 많이 쓴다는 겁니다. 국내산 쌀이나 과일은 길어야 500킬로미터쯤 이동하겠지요. 일본이나 중국, 아메리카에서 들여오는 농산물들은 그 거리가 훨씬 늘어납니다. 이렇게 음식 재료가 지구 상에서 이동하는 거리를 '푸드 마일리지'(food mileage)라고 합니다. 이 수치가 높을수록, 즉 이동 거리가 멀수록 방부제가 많이 들어 가고 이산화탄소 배출량도 많아져요.

수입 농산물을 많이 먹을수록 우리나라 농부들이 살기 어려워진다는 문제도 있습니다. 우리 땅에서 농사지은 쌀보다 수입 밀로 만든 빵이나 국수를 더 많이 먹는다면 농부들의 생활이 곤란해지겠지요.

그리고 유통이 복잡하면 농부들에게 돌아가는 몫도 줄어듭니다. 전 지구적으로 농산물을 사고파는 시대이다 보니 전문적인 유통 기업이 많아졌습니다. 그 규모도 커지고 단계도 복잡해졌지요. 중간에 이윤을 남기려는 사람들이 늘다 보니 농부에게 돌아가는 몫도 적어집니다. 농부들은 생산비를 충당하고 생활할 수 있을 만큼 적절한 수입을 원하고 소비자들은 싼값에 안전하고 신선한 농산물을 사고 싶지만, 힘 있는 유통 기업이 중간에 버티고 있으면 그러기가 어려워요.

그래서 뜻있는 사람들은 직거래를 통해 농산물을 주고받습니다. 이윤을 가장 먼저 추구하는 기업에 유통을 맡겨서는 농부들도 이용자들도 안심할 수 없기에 농부와 소비자가 직접 거래를 하는 거예요. 농부들이 직접 장터에 갖고 나와 파는 방법도 있는데 도시와 농촌 여러 곳에서 소규모로 장터가 열리곤 합니다. 이용자가 농부에게 직접 주문을 하는 방법도 있습니다. 쌀이나 감자, 배추 등을 산지에 직접 주문해서 택배로 받는 방법이지요. 해당 작물의 수확 철에 대량으로 이루어집니다. 농부와 이용자가 기간을 정해 놓고 정기적으로 이용자가 농산물을 받는 꾸러미 방식의 직거래도 있습니다. 일주일에 한 번꼴로 제철 채소를 받아서 필요한 음식 재료로 이용하는 식이에요. 이러한 직거래는 생산자와 해당 작물의 이력을 직접 확인할 수 있다는 장점이 있습니다.

이용자들이 단체를 만들어서 농산물을 구매하기도 합니다. 보통 '생협'이라고 줄여서 부르는 소비자 생활협동조합이 대표적입니다. 대규모로 농산물을 사서 보관하고 유통한다는 점에서는 유통 기업과 비슷하지만, 이윤 추구를 목적으로 하지 않는다는 점에서 차이가 있습니다. 농부(생산자 조합원)들이 제 몫을 받고 회원(소비자 조합원)들은 믿을 만한 농산물을 살 수 있게 돕는 것이 그 목적입니다. 생협을 운영하는 데 꼭 필요한 경비는 공동의 돈으로 사용하고, 기업처럼 이윤을 많이 남기려고 하지 않기 때문에 농부와 이용자들에게 이익이 골고루 돌아갈 수 있어요.

생협은 사람들이 음식을 먹든 버리든 상관없이 많이 팔기만 하면 된다는 기업적 사고를 하지 않습니다. 또한 우리나라 농산물뿐 아니라 수입 농산물이나 식품에 대해서도 안심하고 먹을 수 있는지 일일이 확인합니다. 이용자가 내는 돈이 농부들에게 정당한 대가로 돌아가는지 살펴보는 일도 하지요. 전 세계를 주름잡는 거대 식품 기업들은 힘들게 일한 가난한 외국의 농부에게 쥐꼬리만 한 돈만 주고 자기들은 세계 여러 나라에 그걸 팔아 점점 더 부자가 되고 있습니다. 생협을 비롯해 이런 현실을 바로잡고자 하는 단체들은 외국의 농부들이 일한 만큼의 정당한 대가를 주고 농산물을 사오려고 해요. 이런 거래를 일컬어 '공정 무역'이라고 합니다.

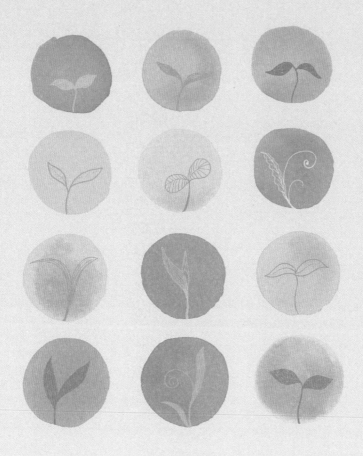

4장
농사는 어떻게 지어요?

농사 계획을
세우자

농사는 어떻게 지을까요? 여러분이 내 손으로 직접 소중한 작물을 키우기로 마음을 먹었다면 다음 순서에 따라 텃밭 가꾸기를 해 보세요. 가장 먼저 해야 할 일은 바로 계획 세우기입니다.

모든 일에는 때가 있다는 말이 있듯이 작물마다 씨앗을 뿌리고 가꾸고 거두는 시기가 모두 다릅니다. 작물은 햇빛과 물, 온도 등의 영향을 받기 때문이에요. 그래서 미리 계획을 세워야 합니다. 1년 농사 계획표를 만들어 놓으면 언제 심고 언제 거둘지 한눈에 알 수 있어요.

작물의 원산지와 재배 환경 등을 알아두는 것도 도움이 됩니다. 예를 들어, 감자의 고향인 안데스 산맥은 기후가 건조하고 서늘합니다. 그래서 봄에 감자를 심을 때 두둑을 높여 물 빠짐을 좋게 하고, 여름이 시작되기 전에 수확하지요.

"작물은 농부의 발걸음 소리를 듣고 자란다"는 말이 있습니다. 그만큼 세세하게 손을 써야 한다는 뜻이에요. 텃밭을 자주 돌아보고 때맞춰 할 일을 하는 것이 풍성한 결실을 보는 데 중요한 열쇠가 됩니다. 농부의 수만큼이나 다양한 농사 기술이 있는데 그중 제일은 바로 '정성'입니다. 마음이 준비되었다면 이제 머리와 손을 쓸 차례입니다.

텃밭에 심을 작물을 결정한다

텃밭은 겉으로는 아무 일도 일어나지 않는 것처럼 보이지만 사실은 매우 변화무쌍한 곳이에요. 어느 날 갑자기 싹이 올라오고 또 어느 날 갑자기 꽃이 피지요. 천천히 변하기에 우리가 눈치를 채지 못할 뿐입니다. 텃밭은 한 해에도 여러 번 모양이 바뀝니다. 씨 뿌리는 시기를 기준으로 세 번 정도 크게 변하는데, 이걸 미리 예상해서 계획하면 농사를 더 잘 지을 수 있어요. 그런데 이 변화는 작물에 따라 차이가 납니다. 그래서 제일 처음 해야 할 일이 바로 작물의 종류를 결정하는 거예요. 감자, 오이, 토마토, 가지 등 각각의 작물은 그 특성에 맞게 텃밭에 심어야 하니까요. 내가 앞으로 가꿀 텃밭에 대해 미리 디자인을 해보는 것이 좋아요. 무슨 작물을 언제 심어서 언제 수확하면 좋을지 이리저리 궁리하다 보면 좋은 아이디어가 샘솟을 겁니다. 텃밭이 우리들의 즐거운 상상의 놀이터가 되는 셈이지요. 어떤 작물을 심을지 정했나요? 그럼 이제 텃밭 디자인을 할 차례입니다.

계절에 따른 텃밭 디자인의 예(10평 기준)

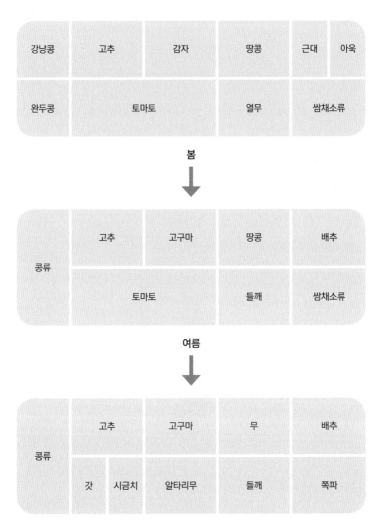

봄

여름

가을

텃밭의 모양과 면적을 고려하여 작물별 재배 위치와 면적을 결정한다

텃밭의 크기, 모양은 작물에 따라 다를 수 있어요. 보통은 네모난 모양이지만 꼭 그러지 않아도 됩니다. 상상력을 발휘해서 주어진 조건에 어울리는 모양을 택하세요. 가족 텃밭이라면 개인별로 구역을 나눌 수도 있고요. 각각 위치를 정해 다른 작물을 심어도 좋습니다. 많이 수확해야 할 작물은 넓은 자리에 심고 조금씩 필요한 작물은 좁은 구석에 심을 수도 있겠지요. 작물의 특성에 따라서 나눌 수도 있습니다. 키 작은 작물은 동쪽에, 키 큰 작물은 서쪽에 자리를 잡아서 골고루 햇볕을 쬘 수 있게 하면 좋겠죠. 햇볕을 덜 받아도 되는 작물은 그늘진 곳에 두어도 되고, 넝쿨이 많이 뻗는 작물은 다른 작물의 성장에 방해되지 않도록 심어야겠지요. 이처럼 각 작물의 특성을 미리 알아 두었다가 텃밭 배치에 적용하면 좋습니다. 이 밖에도 사람이 다닐 길, 물길 등도 텃밭을 만들 때 고려해야 할 사항입니다.

농사의 원칙을 세운다

어떤 작물을 심을지 정해졌나요? 그럼 이제 어떤 방법으로 농사를 지을지 고민할 차례입니다. 먹을거리의 안전성을 고려하여 농약과 화학 비료, 제초제, 비닐 등을 쓸 것인가 안 쓸 것인가? 지구 환경을 생각하여 에너지를 효율적으로 사용하려면 어떤 방식이 가능할까? 수입해 온 씨앗보다는 우리 씨앗으로 농사를 지어 토종 종자의 씨앗

작물의 성질과 선호에 따른 텃밭 디자인의 예

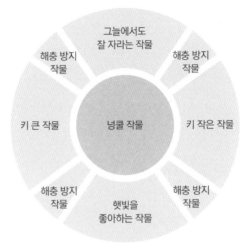

작물 성질에 따른 디자인

가족 구성원의 선호에 따른 디자인

을 받아 보면 어떨까? 이런 것들을 곰곰이 생각해 봐야 합니다. 스스로 텃밭 농사의 원칙을 정하여 실천해 보는 것도 의미 있는 일이 될 것 같아요.

텃밭 가꾸기의
실제

밭 만들기

텃밭에 어떤 작물을 어떻게 심을지, 어떻게 농사를 지을지 등에 관해 구체적인 계획이 세워졌다면 이제 밭을 만들어야 합니다. 보통 밭을 만든다고 하면 돌을 고르고 굳은 흙을 깨서 갈아 주는 것을 의미합니다. 그동안 땅속에 있던 흙을 공기 중에 노출시켜 숨을 쉴 수 있도록 하는 것이죠. 이 과정을 '경운'(耕耘)이라고 해요. 예전에는 일일이 사람 손으로 하거나 소로 쟁기질을 했지만, 요즘은 대부분 기계를 사용하지요.

자연 농법으로 밭을 사람의 힘으로 뒤집거나 고르게 만드는 과정을 하지 않고 재배하는 것을 무경운(無耕耘) 재배라고 해요. 밭을 갈아 주는 수고로움을 덜 수 있을 뿐 아니라, 미생물이나 지렁이처럼 농사에 이로운 생명들을 괴롭히지 않아도 돼요. 땅을 갈게 되면 그 과정에서 미생물과 땅 속 생명들의 서식지가 파괴되기 때문에 땅의 활력이 떨어지고, 유기물이 공기 중에 노출되어 빨리 분해되요. 그래서 유기물을 매번 보충해 주어야 합니다. 그러나 무경운 재배를 하면 땅속 환경을 보전하니 작물을 키워 내는 땅심이 커집니다. 또한 잡초의 씨앗은 빛을 받아야 싹이 트는데 땅을 뒤집지 않으니, 땅속에 있는 잡초의 씨앗이 나오지 못해 잡초가 적게 나오는 효과를 보기도 해요. 두 방법을 비교해 보고 땅을 갈고 나서 거름을 줄지, 아니면 그냥 자연 상태에서 밭을 일굴지를 정하면 돼요.

　거름을 주기로 했으면 이때 밑거름을 주어야 합니다. 작물은 성장에 필요한 양분을 흙에서 흡수하지요. 밑거름은 그 양분이 될 유기물을 흙 속에 미리 넣어 주는 거예요. 밑거름을 넣고 골고루 섞어 주면 흙이 부드러워지고 공기가 들어가 미생물이 밑거름을 분해하기에 적당한 상태가 되며 뿌리도 쉽게 뻗을 수 있어요. 이제 삽으로 흙을 모아 두둑을 만들고 고랑을 내면 모든 준비가 끝납니다.

밭 만들기 ● 밑거름 주기 → 흙 뒤집기 → 평평하게 고르기

씨 뿌리기

밭을 만들었으면 이제 씨를 뿌려야겠지요? 씨는 어떻게 구하는 게 좋을까요? 농사를 계속 지어 왔다면 지난해 받아 놓은 씨 중에서 건

▶ 거름: 음식물 찌꺼기, 가축 똥, 톱밥, 왕겨, 낙엽 등 유기물을 미생물의 도움으로 어느
   정도 분해한 것입니다. 퇴비라고도 해요. 작물에는 양분을, 땅속 미생물에는 먹이를 제
   공하는 역할을 합니다.

▶ 밑거름: 작물을 심기 전 흙에 섞어 주는 거름입니다.

▶ 웃거름: 작물을 심은 후 커 가는 정도를 봐가며 추가로 주는 거름입니다. 꽃 필 때 열매
   를 맺을 때 등 작물이 양분을 많이 필요로 할 때 작물 옆에 종이컵 정도 크기의 구멍을
   파서 주기도 하고 액체로 만들어 잎 뒷면에 뿌려 주기도 해요.

강한 걸 골라 쓰면 되겠지요. 처음이라 준비한 것도 없고 주변에 나
눠줄 사람도 없다면 화원이나 씨앗가게 등에서 사야 합니다. 그렇게
해서 씨를 구했으면 씨를 뿌려야겠지요. 씨 뿌리기는 보통 '우수'를
기점으로 삼습니다. 양력 2월 중순 무렵인데, 24절기 중 하나인 우
수(雨水)는 우리말로 '눈이 녹아 비가 된다'는 뜻이에요. "우수, 경칩
에는 대동강 물도 풀린다"는 속담이 있듯이 이 시기가 되면 봄기운
이 확연해집니다. 겨울 철새인 기러기는 북으로 가고, 땅속 벌레들
이 슬슬 활동을 시작하고 언 땅도 비로소 풀리지요. 하지만 조급해
해서는 안 됩니다. 꽃샘추위도 있고 아직 추위가 완전히 가시지 않
았기 때문이에요. 씨를 뿌리려면 조금 더 기다리는 게 좋아요. 보통
텃밭에서는 4월 초부터 씨 뿌리기를 시작합니다. 하지만 날이 풀렸
다고 해서 바로 씨앗을 심고 가꿀 수 있다는 의미는 아니니, 열매채
소류는 추위에 대비하여 따뜻한 곳에서 싹을 틔워서 텃밭에 옮겨 심
는 것도 좋아요.

씨를 뿌리는 방법은 크게 점 뿌리기, 줄 뿌리기, 흩어뿌리기 등 세 가지가 있습니다. 씨앗의 크기와 작물이 다 컸을 때의 크기 그리고 옮겨심기 여부 등에 따라서 알맞은 방법을 선택하면 됩니다.

씨를 뿌렸으면 그 위로 흙을 덮어 줍니다. 이때 흙의 두께는 씨앗 크기의 두세 배쯤이 적당해요. 뿌리는 간격은 작물이 최대로 컸을 때의 크기를 예상해서 넉넉하게 1.5배 정도 사이를 둡니다.

씨앗 뿌리기

| 점 뿌리기 | 줄 뿌리기 | 흩어뿌리기 |

알아두기

오줌으로 종자 소독하기

전통 농사법에는 씨앗을 소독하는 독특한 비법이 있습니다. 소 또는 말의 오줌에 종자를 담가 뜨는 것을 버리고 가라앉은 것만 골라서 파종했다는 기록이 있어요. 이는 건강한 씨를 골라내는 한편, 씨앗 안의 벌레나 균을 죽이는 일종의 소독이기도 했습니다. 볍씨를 사람 오줌에 하루 정도 담갔다가 뿌리면 싹이 잘 나고 튼튼한 모를 기를 수 있다고 해요. 오줌에 있는 질소 성분이 성장을 돕기 때문입니다. 참고: 농촌진흥청, 『농사직설』

모종 키우기와 모종 옮겨심기(아주 심기)

씨를 뿌리는 방법에는 직접 밭에 뿌리기도 하고 따뜻한 곳에서 싹을 틔워 어느 정도 자라게 한 후 밭으로 옮기는 방법이 있습니다. 처음부터 씨를 뿌려 싹을 내는 방법을 직파라고 하고요. 미리 싹을 틔워 뿌리를 어느 정도 내리게 한 것을 모종이라고 합니다. 이 모종을 밭에 옮겨 심는 것을 '모종 옮겨심기' 또는 '아주 심기'라고 하지요.

직파의 장점은 작물이 주변 환경에 적응하면서 건강해진다는 것이고요. 단점은 씨앗 중 일부가 발아가 안 되는 게 있고, 잡초 등의 방해로 성장이 잘 안 되거나 씨앗을 노리는 벌레나 새의 공격에 일찌감치 노출된다는 점입니다. 그래서 농부들은 풀을 골라내고 해충을 예방하는 수고를 기울여야 합니다.

원래 씨앗은 자연에서 식물이 종족 보존을 하는 방법이니 자신이 살고 있는 지역의 웬만한 자연환경은 잘 극복하여 싹을 틔우는 것이 원칙이겠으나, 인간이 작물로 가꾸기를 시작하면서부터는 적응력이 약해진 것도 사실이에요. 그러므로 만족스러운 수확을 위하여 따뜻한 비닐하우스 등에서 건강한 모종으로 키워 내어 밭으로 옮겨 심는 것도 좋은 방법입니다. 모종을 옮겨 심는 시기는 작물에 따라 다른데, 일반적으로 옮겨 심은 모종이 땅에 잘 적응하는 기간은 작물에 따라 차이는 있으나 5~10일 정도예요. 그 작물이 원래 살던 원산지의 기후를 이해하면 작물을 건강하게 키우는 데 많은 도움이 되겠지요.

잎채소는 주로 씨앗을 뿌리는 경우가 많고, 열매채소는 모종으로 옮겨 심는 경우가 많은데 열매채소 모종을 옮겨 심는 시기는 5월 초쯤으로 24절기 중 본격적인 여름으로 들어가는 입하(立夏)가 속해 있어요. 이때가 되면 봄기운은 완전히 물러나서 봄나물들이 꽃을 피우고 씨를 맺어 먹기는 어려워지고, 풀들이 많이 올라오는 시기이니 초기에 잘 뽑아 주어야 여름에 잡초 뽑기로 고생하는 것을 면할 수 있습니다. 이때 뽑은 풀로 텃밭을 덮으면 흙에서 수분이 증발하는 것도 막아 주고 그 자리에서 썩어서 거름 역할도 하니 풀 관리를 잘하면 일석이조의 효과를 볼 수 있어요.

모종 만들기

배양토를 채운다.

각각의 자리에 2~3개
씨앗을 넣는다.

떡잎을 제외한 본잎이
4~5개 정도 나오면
밭에 옮겨 심는다.

여러분이 화원이나 모종가게에 가서 모종을 고를 때 알아야 할 것이 있습니다. 어떤 모종이 건강하고 튼튼하게 자랄지 봐야 해요. 키 크고 날씬하게 생겼다고 해서 덜컥 골라서는 안 됩니다. 그렇게 길쭉한 모종은 햇빛을 받지 못해 웃자란 상태라 건강한 모종이라고 할 수 없어요. 건강한 모종은 떡잎을 제외한 본잎이 4~5장 정도 나오고, 잎의 색이 진하고 줄기의 마디가 짧고 굵습니다. 이 점을 꼭 기억하세요.

모종을 옮겨 심는 방법

구멍을 파고
물을 먼저 붓는다.

모종의 잔뿌리가 상하지 않게
흙과 함께 살살 꺼내 심는다.

그리고 모종 옮겨심기를 할 때 모종을 먼저 심은 다음 물을 주면 흙이 굳어져 뿌리 호흡이 어려워집니다. 꼭 물을 먼저 주세요.

솎아주기, 순지르기, 곁순치기

밭에 씨를 뿌리면 얼마 지나 싹을 틔우고 어린잎이 나기 시작하겠지요. 이제 이 어린싹이 튼튼하게 잘 커 나가도록 해야 할 일이 있습니다. 솎아주기, 순지르기, 곁순치기가 바로 그것입니다.

'솎아주기'는 촘촘한 것을 군데군데 뽑아 성기게 한다는 말이에요. 중간에 있는 작물을 뽑아서 간격을 확보해 주는 일입니다. 그래야 작물이 잘 자랍니다. 큰 공간에서 키우면 아무래도 좁은 공간에서 키우는 것보다 작물끼리 경쟁이 덜 하겠죠? 모종으로 옮겨 심는 경우는 상관없으나 텃밭에 직접 씨를 뿌릴 때는 한두 번 정도 솎아 작물 사이를 넓혀 주어야 합니다. 자라는 걸 지켜보다가 옆 작물과 잎이 닿을 정도로 가까워지면 솎아 줍니다. 솎을 때는 뿌리째 뽑아야 해요. 그래야 다시 자라지 않습니다.

'순지르기'는 줄기 끝을 잘라내는 걸 말해요. 이렇게 하면 줄기가 웃자라지 않고 아래부터 튼튼하게 자라게 됩니다. 또 잘라 낸 줄기 끝에서 새로운 줄기가 갈라져 나오면서 꽃과 열매가 골고루 맺히게 됩니다. 다른 말로는 적심(摘心)이라고도 해요. '곁순치기'는 주로 가짓과 작물의 본줄기와 잎자루 사이에 나오는 순을 없애 주는 것을 말해요. 그러면 통풍도 잘 되고 꽃과 열매가 잘 맺히게 됩니다.

순지르기와 곁순치기는 작물의 줄기가 나는 위치나 양을 인위적으로 조절해 주는 거예요. 본줄기에 영양분이 잘 가도록 해서 작물이 튼튼하게 자라고 열매를 잘 맺게 됩니다.

순지르기, 곁순치기

순지르기   곁순치기

웃거름 주기

웃거름은 수시로 주는 거름입니다. 상추 같은 잎채소는 밑거름을 잘한 밭이라면 굳이 웃거름을 주지 않아도 돼요. 그러나 고추 같은 열매채소는 꽃을 맺을 때, 열매가 달릴 때 혹은 잎을 땄을 때 영양분이 필요합니다. 상황을 지켜보면서 한 달에 한두 번 흙 속에 웃거름을 넣어 주세요. 이때 주의할 것이 있습니다. 아무리 잘 숙성된 거름이라고 해도 작물의 뿌리에 직접 닿으면 해를 줄 수 있기 때문에, 꼭 작물이 심어진 자리에서 한 뼘 정도 거리를 두고 흙과 섞어 묻어 줘야 해요.

버팀목 세우기(지주대 세우기)

작물이 자라면 키가 커집니다. 그러면 옆으로 기울거나 쓰러지지 않도록 버팀목을 세워야 해요. 특히 열매채소들은 잎채소보다 키가 크고, 열매를 맺기 시작하면 가지가 열매의 무게를 견디지 못해 쓰러지는 경우가 많습니다. 양력 6월 5일경은 24절기 중 망종(亡種)인데 이 무렵이 버팀목을 세우기 좋습니다. 그러나 꼭 이때가 아니더라도 직파 작물은 키가 30센티미터 정도 자랐을 때 세워 주고, 모종을 옮겨 심는다면 모종이 들어갈 자리를 봐가며 그 옆에 미리 세워 줘도 좋습니다. 버팀목의 모양은 작물의 키나 열매가 달리는 모양에 따라 달라지는데, 보통 고추 등은 일자로 세우고, 키가 크고 열매가 무거운 토마토나 오이는 삼각형의 형태로 세워 주면 좋습니다.

버팀목 세우기

일자 버팀목

삼각 버팀목

풀 관리

1년 중 농부가 가장 바쁜 시기인 6월경에는 풀들도 극성스러워집니다. 비라도 내리고 나면 금세 작물을 가릴 정도로 풀이 자라지요. 이때가 되면 손도 많이 갑니다. 그래서 봄철에 미리 작업을 해 두면 좋습니다. 풀들이 작거나 눈에 잘 보이지 않을 때는 일주일에 한 번씩 호미로 두둑 표면을 살살 긁어 주면 풀의 생장점이 끊겨 성장을 막을 수 있어요. 봄에 풀 관리를 잘해 놓으면 뜨거운 날씨에 텃밭에서 무성하게 자란 풀을 뽑는 수고로움을 덜 수 있습니다. 특히 장마 후에는 풀을 감당하기 어려워요.

풀은 뿌리째 뽑아서 햇볕에 말려 작물 주변에 덮어 주면 좋습니다. 그러기 어려우면 계속 베어 내어 작물 주위에 덮어 주는 방식으로 풀을 관리할 수도 있어요. 작물 줄기 주위에 뽑은 풀을 덮어 두면 다른 풀도 덜 나고 보습 효과가 있습니다. 빗물에 흙과 거름이 씻겨 내려가는 것을 막을 수도 있고요. 이때 풀씨가 생긴 풀을 덮어주면 그 자리에서 풀이 자라게 되니까 조심해야 합니다.

병균과 해충 관리

밤을 새우거나 무리하면 감기에 걸리기 쉽지요? 우리 몸의 면역력이 떨어져서 병균에 쉽게 감염되는 탓입니다. 다행히도 며칠 앓다가 끝날 수도 있지만, 때론 폐렴이나 다른 병으로 번져 심하게 고생을 할 수도 있어요.

작물도 마찬가지입니다. 건강한 작물은 병에 잘 안 걸리고 걸려도 금세 회복하지만, 그렇지 못한 작물은 큰 피해를 받습니다. 화학 비료로 키운 작물은 회복력이 약합니다. 그래서 농약을 계속 줘야 해요. 병해충의 피해를 최소화하는 방법은 두 가지입니다. 사람의 경우처럼 하나는 몸의 면역력을 높이는 것이고 다른 하나는 약을 먹는 것이겠지요.

친환경 농사를 짓는 농부들은 약보다는 면역력 강화를 선호합니다. 그래서 농약을 치는 대신 작물 스스로 방어 능력을 키우도록 환경을 만드는 데 노력을 기울여요. 화학 비료 대신 퇴비를 쓰고 흙 속에 있는 미생물을 보호하지요. 미생물이 많을수록 그리고 종류가 다양할수록 병균이 자리잡기 어렵기 때문이에요. 또 다양한 풀을 키워 해충의 천적을 부르거나 해충이 작물 대신 다른 풀을 먹도록 유도하기도 합니다. 기피 식물을 활용하는 방법도 있는데, 메리골드나 페퍼민트는 해충이 싫어하기 때문에 밭 주변에 심어 주면 해충의 피해를 줄일 수 있어요.

수확하기와 씨앗 받기

정성껏 작물을 키웠다면 이제 수확을 할 차례입니다. 앞의 모든 과정을 거치고 나서 직접 기른 작물을 수확하는 기쁨은 무엇과도 비교할 수 없을 거예요. 그런데 작물을 거두는 데는 요령이 있습니다.

잎채소는 오전에 수확하는 것이 좋습니다. 낮에 온도가 올라가면 호흡이 많아져 쉽게 시들거나 영양분이 손실되기 때문이에요. 잎을 딸 때는 줄기에 상처가 생기지 않도록 주의해야 합니다. 무더운 날씨에 상처가 생기면 균이 침투할 수 있어요. 열매채소는 열매가 익는 대로 바로 따 주는 것이 좋습니다. 제때 수확하지 않으면 다음에 맺히는 열매들이 양분을 제대로 받지 못해 부실해지기 쉬워요. 토마토나 오이의 경우, 놔두면 계속 키가 자라는데 어느 정도 자랐을 때 원줄기의 생장점을 잘라주는 순지르기를 해주면 알찬 열매를 얻을 수 있습니다.

뿌리채소 중 무나 당근은 잘 뽑히기 때문에 수확하기가 쉬워요. 감자는 잎이 모두 누레졌을 때 수확하고 고구마는 첫서리가 내리기 전에 수확합니다. 콩은 잎이 반 정도 누렇게 변하거나 꼬투리가 누렇게 익으면 수확할 시기가 되었다는 신호예요. 너무 늦으면 꼬투리가 터져 콩알이 밖으로 튀어 나가니 조심해야 해요. 수확 후 남은 콩잎과 줄기는 훌륭한 거름이 되니 버리지 말고 꼭 활용해 보세요.

> **알아두기**
>
> **잎채소 씨앗 받기**
> 상추꽃이 떨어지고 씨를 맺으면 통째로 베어 내거나 씨앗 부분만 따서 햇빛에 바짝 말립니다. 그런 다음 마른 씨앗을 손으로 비벼서 털어 냅니다. 쑥갓, 아욱 등도 같은 방법으로 씨를 받아요.
>
> **열매채소 씨앗 받기**
> 오이는 노랗게 익을 때까지 둡니다. 이걸 늙은 오이 즉, '노각'이라고 하는데 물렁해지면 따서 그늘에 일주일 정도 놓았다가 반으로 갈라 씨앗을 빼냅니다. 씨앗은 투명한 젤리층에 싸여 있는데 물에 씻어 이 부분을 제거한 후 2~3일 정도 바짝 말려 보관합니다. 가지, 호박 등 열매채소는 같은 방법으로 씨를 받을 수 있는데, 젤리층이 없는 고추는 물에 씻지 않아도 돼요.

키를 사용하여 씨앗 털기

잘 마른 꼬투리를 절구에 넣고 찧는다.
이때 너무 세지 않게 힘 조절을 한다.
그러고 나서 키질을 한다.

키질을 한 후 체로 씨앗을 거른 후
다시 한 번 키질을 하면
깨끗한 씨만 남는다.

씨앗 보관하기

작물을 수확하고 받은 씨앗은 보관을 잘해 두어야 합니다. 바로 심으면 싹이 나지 않아요. 쉬는 시간을 가져야 합니다. 씨앗을 보관할 때는 종이봉투나 종이 상자, 광주리처럼 바람이 잘 통하는 데에 종류별로 나눠서 담는 게 좋습니다.

씨앗을 종류별로 종이봉투에 담을 때는 겉면에 작물 이름, 씨를 받은 날짜, 씨를 받은 장소 등을 기록해 놓으면 편리합니다. 씨감자나 씨쪽파, 토란처럼 부피가 큰 작물은 종이 상자에 따로 담아 어둡고 서늘한 곳에 보관하면 됩니다. 장기간 보관할 때는 너무 마르거나 벌레가 들지 않도록 밀폐 용기에 담아 냉동 보관하는 것이 좋아

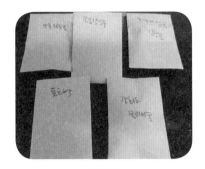

종이봉투

종이 상자

밀폐 용기①

밀폐 용기②

요. 이때 습기가 남아 있으면 얼어 죽을 수 있으므로 바짝 말려야 합니다.

농기구를
준비하자

농사를 지으려면 도구가 필요합니다. 조상 대대로 내려온 여러 농기구가 있습니다만, 여기서는 대표적인 농기구 세 가지만 소개하겠습니다. 호미, 쇠스랑, 괭이가 바로 그것이에요. 이 삼총사만 있으면 웬만한 텃밭 농사는 지을 수가 있어요. 그리고 그중에서도 꼭 하나만 꼽으라고 한다면 단연코 호미입니다. "호미 한 자루로 농사를 짓는다"는 말이 있듯이 두루두루 널리 쓰이는 농기구예요. 그러니 농사에 관심이 있는 사람이라면 호미 한 자루쯤은 집에 있어야겠죠?

농기구

호미

쇠스랑

괭이

텃밭 농기구 삼총사

▶ 호미: 씨를 심거나 작물을 캘 때 흙을 고를 때 등 다양한 용도로 쓰입니다. 우리에게 가
장 익숙한 농기구입니다.

▶ 쇠스랑: 땅을 일구거나 딱딱한 흙을 부술 때, 감자나 고구마를 밭에서 캘 때, 퇴비를 뒤
집을 때 등에 쓰입니다.

▶ 괭이: 두둑을 올리거나 고랑을 만들 때 씁니다. 자루가 길어 허리를 숙이지 않고 흙을
걷어 올릴 수 있어 편리합니다.

텃밭에 심는 작물
열 가지

텃밭을 가꿀 때 어떤 작물을 심을 것인지 계획을 세워야 한다고 했지요? 마음은 먹었는데 정작 무슨 작물을 심을지 고민이 된다고요? 그렇다면 다음 내용을 참고해 주세요. 텃밭에서 사랑받는 대표적인 작물들입니다.

월	1	2	3	4	5	6	7	8	9	10	11	12

■ 씨앗 뿌리기   ■ 모종 옮겨심기   수확

상추는 우리나라 사람이라면 남녀노소 누구나 좋아하는 국민 채소입니다. 특유의 쌉쌀한 맛 때문에 고기를 먹을 때 쌈채소로 많이 쓰이죠. 재배가 어렵지 않고 해충이 적으며 여러 차례 잎을 수확할 수 있어 농부들에게도 인기가 높습니다. 종류도 많아서 다양한 샐러드나 쌈 요리에 적합합니다. 겨울을 제외한 모든 계절에 재배할 수 있어요. 처음 텃밭에 도전하는 사람에게는 더더욱 추천입니다.

상추는 우리 몸에도 좋아요. 독을 풀어주고 피를 맑게 하는 효과가 있습니다. 즙을 내어 먹으면 모유 분비를 촉진한다고 해요. 말린 다음에 가루로 내서 이를 닦으면 미백 효과도 있다고 합니다. 서아시아와 유럽이 원산지인 상추는 오래전부터 인류와 함께해 온 작물이에요. 이집트 피라미드 벽화와 중국 당나라 때의 문헌에도 나오고 그리스, 로마 시대에도 재배되었다는 기록이 있어요.

기르는 법

상추는 광발아성(光發芽性) 종자입니다. 빛을 받아야 싹이 난다는 뜻이에요. 그래서 씨를 뿌린 후 흙을 꼭 덮으면 오히려 싹이 잘 안 납니다. 대충 덮는 둥 마는 둥 해야 발아율을 높일 수 있어요. 씨앗을 뿌리고 나서 며칠 있으면 싹이 트기 시작합니다. 이때 옆에 있는 상추와 잎이 닿으려고 하면 널찍하게 솎아 줍니다. 두세 번 솎고 나서 남은 상추를 키우면 돼요. 모종을 옮겨 심을 때는 포기 간격을 15~20센티미터쯤으로 하면 됩니다. 물 빠짐이 좋은 밭에서 잘 자라고 더위에는 약합니다. 온도가 높아지면 꽃대가 빨리 올라와 수확량이 떨어지고 쓴맛이 생겨요. 수확할 때는 뿌리째 뽑지 말고 줄기 아래에서 위로 올라가며 잎을 여러 차례에 걸쳐서 땁니다. 그러면 새 잎이 올라와서 꽤 오랫동안 먹을 수 있어요.

월	1	2	3	4	5	6	7	8	9	10	11	12

■ 씨앗 뿌리기   ■ 모종 옮겨심기   ▬▬▬ 수확

고추는 전 세계적으로 100여 종이 있는데 고향은 따뜻한 남아메리카입니다. 우리나라에서 고추는 겨울을 날 수 없기에 한해살이 식물 같지만 원래는 여러해살이 식물이에요. 임진왜란 때 일본으로부터 담배와 함께 전해졌다는 설이 가장 유력합니다.

고추라는 이름은 맵다는 뜻의 '고초'(苦椒)에서 왔다고 해요. 고추의 매운맛은 캡사이신이라는 성분을 기준으로 측정하는데, 세계에서 가장 매운 고추는 2013년 미국의 한 연구소에서 개발한 '캐롤라이나 리퍼'라고 합니다. 이 고추로 요리를 하려면 방독면을 써야 한다니 우리가 아는 고추와는 비교도 안 되는 수준인 거지요.

고추의 매운맛을 내는 캡사이신은 혈액 순환을 촉진시키고, 붉은 색소인 캡산틴은 항산화 효과가 있습니다. 게다가 비타민 C도 과일 못지않게 풍부하다고 하네요.

기르는 법

고추는 거름기가 많고 물이 잘 빠지는 밭에서 잘 자랍니다. 따뜻한 곳(25~30도)을 좋아하기 때문에 모종으로 키워 텃밭으로 옮겨 심는 것이 좋습니다. 보통 4월부터 화원이나 모종가게에서 고추 모종을 볼 수 있어요. 하지만 텃밭으로 옮겨심기에는 조금 이릅니다. 더운 곳이 고향인 고추는 추위에 약해요. 고추를 안전하게 옮겨 심을 수 있는 시기는 입하(5월 5일경) 무렵입니다.

심을 때는 다 컸을 때를 대비해 40센티미터 정도 간격을 두세요. 그래야 잎끼리 부딪히지 않고 건강하게 잘 자랍니다. 오밀조밀 심으면 통풍이 나빠져 습도가 올라가고 각종 병균이 자라기 쉬워요.

장마나 태풍이 지나면 고추가 갑자기 시들어 죽는 경우가 종종 있습니다. 빗물이 땅바닥에서 튈 때 흙 속의 탄저균이 고추로 옮겨 왔기 때문이에요. 이를 피하려면 흙에 짚이나 풀을 깔아 고추에 흙탕물이 튀는 것을 막고, 장마 전에 고랑을 깊이 파 물이 잘 빠지게 하면 됩니다. 만약 탄저병에 걸린 고추가 보이면 그것만 뽑아서 불에 태워야 해요. 안타깝긴 하지만 병이 번지지 않게 하려면 어쩔 수 없습니다. 고추는 줄기가 약하기 때문에 모종을 심을 때 미리 버팀목을 세우고, 한 달에 한 번 정도 웃거름을 주는 것이 좋습니다. 풋고추는 꽃이 핀 후 15일, 붉은 고추는 꽃이 핀 후 40~50일이면 거둘 수 있어요. 만약 고추가루로 먹고 싶다면 고추 표면에 주름이 생긴 후 따면 됩니다.

유럽 속담에 "토마토가 빨갛게 익으면 의사의 얼굴이 파랗게 된다"는 말이 있습니다. 토마토가 그 정도로 건강에 좋다는 뜻이겠지요. 토마토의 붉은색에는 리코펜이라는 성분이 들어 있는데, 이는 노화를 방지하는 역할을 한다고 합니다. 또한 알코올 분해 기능도 있어서 우리나라 사람들이 북엇국으로 해장하듯이 서양 사람들은 토마토로 해장을 합니다. 리코펜 성분은 알코올을 분해할 때 발생하는 독성 물질을 몸 밖으로 배출하는 능력이 탁월하다고 해요. 2002년 〈타임〉지는 토마토를 세계 10대 장수 식품에 선정하기도 했습니다.

조리법도 다양한데요, 토마토에 들어 있는 리코펜은 기름에 살짝 익혀 먹을 때 몸에서 더 잘 흡수된다고 합니다. 가끔 설탕을 뿌려서 날로 먹기도 하는데, 설탕은 토마토에 들어 있는 비타민 B의 흡수를 방해한다고 하니, 그냥 먹거나 소금을 약간 뿌려 먹는 것이 좋습니다.

기르는 법

토마토는 습기에 약하기 때문에 물이 잘 빠지고 햇빛이 잘 드는 곳에 심는 것이 좋습니다. 키가 1미터 이상 자라고 가지도 잘 뻗기 때문에 포기 간격을 90센티미터 이상으로 해야 서로 방해받지 않고 통풍도 잘 됩니다. 충실한 열매를 얻기 위해서는 원줄기와 곁줄기 사이에서 나오는 곁순을 따주면 좋습니다. 꽃이 피고 열매가 생기는 꽃가지가 5~6개 정도 생기면 맨 위쪽의 끝순(생장점)을 잘라 주는데 이를 순지르기라고 해요. 한 꽃가지에 생긴 꽃의 수도 4개 정도로 조절해 주면 크고 맛있는 토마토를 얻을 수 있습니다.

　모종을 심을 때 적어도 150센티미터 이상의 버팀목을 세워 주면 좋습니다. 방울토마토는 꽃이 많이 열리고 열매도 많이 달리기 때문에 꽃이 피기 시작할 때부터 2주 간격으로 꾸준히 웃거름을 주면 오랫동안 충실한 열매를 맛볼 수 있지요.

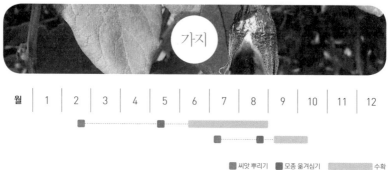

월	1	2	3	4	5	6	7	8	9	10	11	12

■ 씨앗 뿌리기　■ 모종 옮겨심기　▨▨ 수확

가지가 보라색을 띠는 것은 안토시아닌이라는 성분 때문입니다. 이 성분은 항암 작용에 뛰어난 것으로 알려졌어요. 몸속의 열을 식혀 주는 작용을 하고 기미나 주근깨 개선에도 효과가 있다고 해요. 가지의 품종은 재배하는 지역만큼이나 다양한데, 그 모양과 색이 제각각입니다. 우리나라에서는 기다랗고 보라색을 띤 품종을 주로 재배하고 있지요. 요리법은 굽거나 찌거나 볶아도 다 맛이 있지만 영양 성분을 잘 흡수하기 위해서는 기름에 볶아 먹는 것이 가장 좋다고 해요.

기르는 법

인도가 원산지인 가지는 공기가 잘 통하고 수분이 많은 흙을 좋아합니다. 햇볕도 충분히 쬐도록 해야 해요. 가지는 씨앗으로 모종이 되도록 기르는 기간이 2~3달 정도 걸리고 관리도 잘해야 하므로 텃밭에는 모종으로 심는 것이 좋아요. 가지는 수시로 곁순치기를 해 주어 본줄기만 키우면서 바람이 잘 통하게 해 주어야 충실한 열매를 얻을 수 있어요. 토마토와 마찬가지로 버팀목을 세워 주어야 하며 모종을 심은 후 한 달 정도 지나면 2주 간격으로 2~3회 웃거름을 주어야 해요. 가지를 수확한 후 보관할 때는 일반적으로 말려서 보관하는데, 그대로 보관할 때는 저온에 약하기 때문에 신문지에 싸서 수분 증발도 막으면서 너무 차지 않게 보관하는 것이 좋아요. 가지를 포함한 채소를 보관할 때는 씻어서 두는 것보다 흙이 묻은 채로 두는 게 더 오래간다고 하니 꼭 기억하세요.

월	1	2	3	4	5	6	7	8	9	10	11	12

■ 씨앗 뿌리기 ■ 모종 옮겨심기 ▨ 수확

"밭에서 나는 쇠고기"라고 불릴 만큼 영양가가 풍부한 작물이 바로 콩입니다. 최고의 식물성 단백질 공급원인 콩은 우리나라 식생활에서 아주 큰 비중을 차지하지요. 우리나라 대표 발효 식품인 된장, 고추장, 간장 등을 만들 때 쓰이는 것은 물론, 두부, 비지 등 여러 형태로 가공해서 먹기도 합니다. 콩에 들어 있는 레시틴 성분은 뇌의 집중력을 향상시키고 건망증과 치매 예방에 도움이 되는 것으로 알려져 남녀노소 모두에게 좋습니다. 콩의 색은 매우 다양한데 특히 검은콩 껍질에는 항암 물질인 글리시테인이 들어 있어 건강식품으로 인기가 높지요.

콩은 약 5000여 년 전 한반도와 만주 등 동북아시아에서 처음 재배된 작물로 알려져 있어요. 현재 콩을 세계에서 가장 많이 재배하고 수출하는 국가는 미국이에요. 그런데 미국이 재배하는 콩은 대부분 아시아 지역에서 채집해 간 것을 개량한 것이라고 하니 주인과 객이 바뀌었다(주객전도, 主客顚倒)는 말은 이럴 때 쓰는 것 같아요. 게다가 우리가 수입해 먹는 콩 대부분이 유전자 조작 작물이에요. 콩 유전자를 가장 다양하게 가진 땅에 살면서 굳이 위험성이 검증되지도 않은 유전자 조작 콩으로 만든 식품을 사 먹어야 하는 현실이 참으로 안타깝습니다. 종자를 잘 지켜 내는 것은 매우 중요한 일이에요. 종자가 곧 식량 자원인데, 종자가 별도의 규제 없이 해외로 나가는 것은 귀중한 식량 자원을 도둑맞는 것과 같아요. 일제 강점기 때에도 이런 일이 많이 일어났어요. 지금은 절대로 우리의 소중한 자원과 문화를 함부로 빼앗기는 일은 없어야 합니다. 작은 텃밭에 심은 콩 한 알이 우리의 건강과 식량 주권을 지킨다고 생각하면 참으로 뿌듯하겠지요?

기르는 법

콩은 공생균인 뿌리혹박테리아의 도움을 받아 질소질을 흡수하기 때문에 거름을 조금만 줘도 잘 자랍니다. 흙을 비옥하게 만드는 데도 아주 유용하지요. 콩은 종류에 따라 심는 시기가 매우 다양하지만, 완두콩처럼 이른 봄에 심는 종류를 제외하고는 일반적으로 5~6월경에 심어 가을에 거둡니다. 줄기와 꼬투리가 누렇게 마르면 거둘 때인데, 너무 늦으면 꼬투리가 터져서 콩이 땅에 떨어져 버리니 조심해야 해요. 수확한 콩은 완전히 말린 후 도리깨질을 해서 콩깍지를 분리하는데 양이 적으면 손으로 직접 까면 됩니다.

월	1	2	3	4	5	6	7	8	9	10	11	12

■ 씨앗 뿌리기　　　 수확

사람들이 당근을 먹기 시작한 것은 로마 시대 때라고 합니다. 밝은 오렌지색은 당근에 있는 카로틴 성분 때문이에요. 크기가 작은 품종들은 그보다 연한 색을 띕니다. 우리나라에서는 19세기 무렵에 전해졌다고 해요.

예전에는 당근은 말의 사료로 쓰일 뿐 사람들은 그리 즐겨 먹지 않았어요. 그러다가 당근이 건강에 좋은 채소라는 게 알려지면서 사람들이 즐겨 찾게 되지요. 당근에 있는 카로틴 성분은 사람의 몸에서 비타민 A로 바뀌어 눈과 피부 건강에 좋은 영향을 줍니다. 이 밖에도 비타민 B1, 비타민 B2, 비타민 C 등이 들어 있고요. 당근은 뿌리와 줄기, 잎 모두 먹을 수 있는데 은은한 향을 지닌 연한 줄기와 잎은 날로 먹어도 좋고 튀김을 해서 먹어도 좋습니다.

기르는 법

당근은 거름이 풍부하고 부드러운 흙에서 잘 자랍니다. 봄과 가을 언제든 심을 수 있는데 가을에 심으면 더 충실한 당근을 얻을 수 있지요. 싹트는 시기는 기온에 따라 달라지는데 기온이 높으면 8~10일 이내에, 이보다 낮으면 더 오래 걸려요. 당근 씨앗은 줄뿌림으로 넉넉히 뿌려 주고, 자라는 상태를 봐서 두 번 정도 솎아 주면 좋습니다. 간격이 너무 빽빽하면 자리다툼이 생겨 잘 자라지 못해요. 씨앗을 뿌린 후 70~100일 사이에 뿌리가 굵어지기 시작하면 거둘 수 있어요. 당근 농사를 처음 짓는 친구들은 이때 너무 놀라 소리를 지르곤 해요. 아주 예쁘고 귀엽거든요. 작고 귀여운 당근이 땅에서 쑥 뽑혀 나올 때의 감격은 직접 해 본 사람만이 느낄 수 있답니다. 맛은 또 얼마나 달콤한가요. 미니 당근을 한입에 쏙 넣으면 입 안 가득 퍼지는 달콤한 맛과 향을 느낄 수 있습니다.

월	1	2	3	4	5	6	7	8	9	10	11	12

■ 줄기 키우기　■ 줄기 옮겨심기　▨▨▨▨ 수확

중앙아메리카가 고향인 고구마는 온도가 높은 곳에서 잘 자라기에 열대 지방에서는 연중 재배가 가능한 여러해살이 작물입니다. 온대 기후인 우리나라에서는 여름 한 철에만 키울 수 있어요. 고구마는 스페인 사람들에 의해 15세기 말 유럽으로 전해지고 16세기에는 중국으로, 17~18세기에는 아시아와 아프리카 등으로 전파되었다는 설이 일반적이에요. 우리나라에는 조선 영조 때 사신 조엄이 대마도에서 들여왔다는 기록이 있으나 그 이전부터 부산 등지에서 재배되었다고 합니다. 고구마는 여러 종류가 있는데요. 우리가 보통 알고 있는 겉은 보라색이고 속은 노르스름한 고구마 이외에도 껍질이 연한 갈색인 것부터 자주색 또한 속이 흰색, 오렌지색, 보라색인 것 등 다양합니다.

고구마에는 녹말이 많고, 비타민 성분도 풍부해 노화 방지에 좋고 알칼리성 식품이라서 우리 몸이 산성화되는 것을 막아 줍니다. 이러한 장점 때문에 미 항공 우주국(NASA)은 이 고구마를 우주 정거장에서 재배하여 앞으로 우주 식량으로 활용할 계획이라고 합니다. 최근에는 고구마에 풍부하게 들어 있는 섬유소가 변비, 비만 등에 좋다고 알려지면서 다이어트 식품으로도 각광받고 있어요.

기르는 법

고구마는 토양 적응력이 좋아서 어지간하면 잘 자랍니다. 고구마는 씨를 직접 뿌리지 않고 줄기를 심습니다. 줄기(순)를 모아 흙에 묻어 두었다가 뿌리가 나오면 그때 밭으로 옮겨 심어요. 심기 전날 밭에 물을 충분히 주고, 심고 난 후에도 물을 듬뿍 주어서 뿌리 내리는 일을 도와야 합니다. 고구마는 생명력이 매우 강해서 줄기가 닿는 곳마다 뿌리를 내리기 때문에 관리를 해야 합니다. 안 그러면 여기저기 작은 고구마들만 잔뜩 생기니까요. 그전에 줄기가 땅에 닿지 않게 들추어서 적당한 양만 뿌리를 내리도록 해야 해요. 덩굴이 퍼지기 전에 짚을 깔아 주어도 됩니다. 그러면 줄기가 흙으로 들어가는 것도 막을 수 있고 풀도 덜 나고 흙 속의 수분도 막을 수 있는 일석삼조의 효과를 볼 수 있지요.

> **알아두기**
>
> 고구마를 먹으면 정말 방귀가 많이 나올까요?
> 고구마의 주성분은 녹말입니다. 녹말은 익혀 먹으면 달콤한 맛을 내며 소화 흡수가 잘 되지요. 고구마 녹말에는 '아마이드'라는 성분이 들어 있는데, 이것이 장 속에서 이상 발효를 일으키면 배 속에 가스가 차서 방귀를 자주 뀌게 되는 거예요.

| 월 | 1 | 2 | 3 | 4 | 5 | 6 | 7 | 8 | 9 | 10 | 11 | 12 |

■ 씨감자 심기　　　　　수확

감자는 세계 4대 식량 작물 중 하나로 130여 개국에서 한해 약 3억 톤 정도가 생산되고 있습니다. 원산지는 남아메리카 안데스 산맥 티티카카 호 주변의 고원 지대로 알려져 있는데, 1532년 스페인 탐험가 피사로가 항해 중 식량으로 활용한 후, 에스파냐와 아일랜드를 비롯해 전 세계로 퍼져 나갔다고 해요. 그런데 유럽 사람들은 17세기까지 이런 종류의 작물을 먹어 본 적이 없고 더욱이 울퉁불퉁한 모양 때문에 외면했다고 합니다. 미개한 식민지의 식량이라고 여겨 배가 고파도 찾지 않았다고 해요. 그래서 프랑스 왕실에서는 굶주린 백성들에게 감자를 먹게 할 꾀를 냈는데, 왕비 마리 앙투아네트가 감자 재배를 장려하기 위해 머리에 감자꽃을 꽂고 다녔고, 루이 16세는 왕실 땅에 감자를 심어 정예 호위병들에게 낮 동안만 철통같이 지키고 밤에는 경비를 소홀하게 했다고 합니다. "금단의 열매는 달게 보인다"는 말이 있지요. 못 하게 하면 더 하고 싶은 게 사람 마음입니다. 이를 지켜본 백성들은 한밤중에 감자를 가져갔고 결국 왕의 뜻대로 백성들이 감자를 심고 먹게 되었다고 해요.

감자는 『오주연문장전산고』라는 책에 의하면 1824년과 1825년 사이에 관북 지방(지금은 북한의 함경도 지역)으로 처음 들어왔다고 합니다. 그 후 1890년대부터 재배 면적이 급격하게 늘어나게 되는데, 특히 일제 강점기에 쌀을 강제로 공출하면서 대체 작물로 보급했다고 해요.

보통은 감자를 뿌리로 생각하는데 사실은 줄기가 변해서 만들어진 거예요. 감자는 햇빛에 두면 초록빛으로 변하지요. 광합성을 할 수 있는 줄기라는 증거입니다. 감자와 비슷하게 생겼지만 뿌리가 변해서 생긴 고구마는 햇빛에 두어도 색이 변하지 않아요.

감자에는 영양소가 많이 들어 있는데 탄수화물뿐만 아니라 비타민 C가 풍부합니다. 알칼리성 식품으로 콜레스테롤과 혈당 수치를 낮추는 역할도 한다고 해요.

기르는 법

텃밭 작물 중 가장 먼저 심는 작물에 속하는 감자는 3월에 씨감자를 이용해 심습니다. 양분이 많이 필요한 작물이라 밑거름을 충분히 줘야 하지요. 씨감자는 씨눈이 들어가도록 2~4조각 정도로 잘라서 재를 묻힌 후 하루 이틀 묵혔다가 밭에 심습니다. 자라는 동안 감자 알이 흙 밖으로 나오면 색이 초록빛으로 변하고 맛도 떨어지기 때문에 감자 줄기 부근을 흙으로 덮어 주는 북주기를 잘해야 합니다.

감자는 기다리는 마음을 가르쳐 주는 작물입니다. 씨감자를 심은 후 무려 한 달 가까이 지나야 싹이 나오거든요. 오랜 기다림 끝에 만

씨감자 만들기와 씨감자 심기

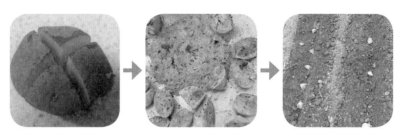

씨감자를 씨눈이 포함되도록 2~4등분하여 재를 묻혀 하루나 이틀 정도 그늘에 둡니다.
감자가 다 자랐을 때의 크기를 예상하여 포기 간격을 30센티미터 정도 띄워서 심습니다.

**알아
두기**

감자가 더 많이 달리게 하는 비법

씨감자를 심을 때 씨눈을 아래로 향하게 심으면 감자가 더 많이 열립니다. 아래 두 그림을
비교해 보면 잘 알 수 있어요.

씨눈이 아래로 향함

씨눈이 위로 향함

나는 만큼 더 예뻐 보입니다. 6월에 들어서면 24절기 중 낮과 밤의 길이가 같아지는 하지(양력 6월 21일경)가 찾아오는데 이때부터 7월 초순까지가 감자를 캐기에 좋을 때입니다. 수분에 약하기 때문에 비가 오기 전에 수확하는 것이 좋아요. 수확할 시기가 되면 잎과 줄기가 마르고 시드는데 이때 상처 없이 잘 캐서 보관하면 됩니다. 바람이 잘 통하고 서늘한 곳에 두면 오랫동안 맛좋고 영양 많은 감자를 먹을 수 있어요.

| 월 | 1 | 2 | 3 | 4 | 5 | 6 | 7 | 8 | 9 | 10 | 11 | 12 |

■ 씨앗 뿌리기　■ 모종 옮겨심기　████ 수확

배추는 우리 먹을거리의 대표격인 김치의 재료이지요. 우리가 보통 '김치' 하면 배추김치를 말합니다. 그만큼 없어서는 안 될 중요한 작물이에요. 비타민 B1, B2, C 그리고 섬유소 등이 풍부한 배추의 고향은 동남아시아와 터키, 이집트 지역이라고 합니다. 우리가 먹는 배추는 동북아시아 품종을 우장춘 박사가 개량한 것이라고 해요.

  오늘날 김치는 우리 전통 음식일 뿐만 아니라 세계적인 먹을거리입니다. 김치를 담는 김장이 유네스코 세계 무형문화유산에 등재되고 미국의 건강 전문 잡지 〈헬스〉에서 꼽은 세계 5대 장수 식품으로 소개되는 등 주목을 받고 있지요.

김치는 어떻게 생겨나게 되었을까요? 가장 설득력을 얻고 있는 학계의 주장은 채소가 나지 않는 겨울 동안 채소를 원활히 섭취하기 위한 방법으로 김치를 만들었다는 설입니다. 곡물 위주의 식생활을 했던 우리 조상들은 소금, 식초, 간장 등으로 절인 채소류가 말린 채소류보다 비타민과 섬유질을 공급 받는데 훨씬 유리했을 거예요. 원래 김치는 채소가 상하지 않게 소금에 절이는 정도였습니다. 그러다가 조선 후기 임진왜란 전후로 고추가 들어오면서 지금처럼 빨간 김치가 되었지요.

기르는 법

배추는 봄, 가을 모두 재배하는데 봄, 가을용 종자가 다르니 계절에 따라 종자 선택에 주의하여야 하며, 텃밭에는 씨앗을 직접 뿌리기보다 모종 심기를 권합니다.

몸의 대부분이 수분으로 이루어져 있는 배추는 물을 매우 좋아하지만 배추를 심는 곳의 흙은 물 빠짐이 좋아야 해요. 우리가 일반적으로 시장이나 마트에서 보는 배추는 이미 세 겹 이상의 껍질이 벗겨진 상태예요. 그러므로 배추를 심을 때는 배추의 크기를 생각하여 약 40센티미터 이상의 포기 간격을 두고 심어야 통풍도 되고 서로 방해 없이 자랄 수 있어요. 배추는 밑거름을 충실히 하고, 모종을 심은 후에도 자라는 상태를 보아 가며 웃거름을 2~3회 정도 해 주어야 해요. 배추가 조금 자라면 묶어 주어야 하나 말아야 하나를 고민하게 되는데, 배추는 굳이 묶지 않아도 속이 차므로 묶는 것은 보온의 문제예요. 그러므로 따뜻한 남부나 중부 지방에서는 꼭 묶어 줄 필요는 없어요. 토종 배추 중에는 원래 속이 차지 않는 품종도 있습니다. 위쪽을 눌러 보아 단단하다 느껴지면 수확 시기입니다.

배추는 자라는 동안 잎에 구멍을 내는 강력한 적이 있어요. 배추흰나비 애벌레나 나방류 등의 애벌레와 달팽이나 좁은가슴잎벌레, 벼룩잎벌레 등과 같은 잎벌레류인데, 모종을 심은 초기에 목초액 희석액과 같은 벌레 기피제를 뿌려 벌레를 예방하는 것이 가장 좋지만, 혹시라도 발생하면 눈에 보이는 벌레류는 직접 잡아 주는 것이 좋아요.

알아두기

김치가 등장하는 고문헌
삼국사기 중 신라 신문왕 편에 폐백 음식 품목 중 염장 발효 식품인 '혜'(醯)가 나오는데 이 '혜'가 김치의 초기 형태인 것으로 짐작됩니다.

김치의 어원
'침채'(沈菜)라는 말에서 나왔는데, 이 말이 딤채→김채→김치로 바뀌었다고 하는 설이 유력합니다. 한편 김장은 '침장'(沈藏)에서 유래했다고 해요.

무

월	1	2	3	4	5	6	7	8	9	10	11	12

■ 씨앗 뿌리기 ▨ 수확

속담에 "무를 먹고 트림을 하지 않으면 인삼 먹은 것보다 낫다"는 말이 있습니다. 그만큼 영양 만점이라는 뜻이겠지요. 무의 원산지는 지중해 연안이고 우리나라에는 삼국 시대 때 중국을 통해 들어와 고려 시대 때부터 본격적으로 재배하기 시작했다고 합니다. 무에는 비타민 C가 풍부하게 들어 있는데, 속보다 껍질 부분에 2배 정도 많다고 해요. 특히 잎사귀인 무청에는 사과보다 10배 정도 많은 비타민 C가 함유되어 있습니다. 무의 매운맛에는 항암 효과가 있다고 알려져 있으며, 섬유질도 매우 풍부해서 배변에 도움을 주고, 무를 꿀과 함께 재어서 먹게 되면 기침과 기관지염에 좋은 효과가 있다고 합니다. 가을무는 작게 썰어서 말린 후 무말랭이로 만들어 저장 식품으로 활용하기도 하고, 무청은 말려서 시래기로 만들어 먹기도 합니다. 겨울에 채소를 먹기 어려웠던 시절에는 겨우내 부족하기 쉬운 비타민 C를 보충해 주는 역할을 했지요.

기르는 법

무는 봄부터 가을까지 재배할 수 있는 작물입니다. 봄에 심은 무는 큰 것부터 솎아서 먹고, 작은 것은 더 키워서 수확하지요. 가을에 심은 무는 작은 것을 솎아 내고 큰 것을 키워 수확합니다. 봄에 심은 무는 여름이 다가오면서 낮이 길어지고 햇빛의 양이 많아져 생장 속도가 빨라지니 작은 무가 금세 클 수 있지만, 가을에 심은 무는 겨울이 다가오면서 낮 길이가 짧아지고 햇빛의 양이 적어져 생장이 더뎌지니까 큰 무는 남기고 작은 무를 솎아 내는 거예요.

무는 밭에 밑거름을 충분히 한 다음에 씨를 뿌립니다. 그러고 나서 20~30일 후에 두 번 정도 웃거름을 주면 되지요. 무청의 크기를 짐작해서 약 30센티미터 정도로 간격을 띄워 줍니다. 바깥 잎이 아래로 처지기 시작하면 수확할 시기가 된 거예요. 수확 시기를 놓치면 무에 바람이 들기 쉬우니 주의해야 합니다. 수확 후에는 무청을 잘라서 보관하면 무가 푸석해지는 것을 막을 수 있습니다. 무는 쉽게 얼기 때문에 수확 시기인 11월이 되면 기온이 영하로 내려가는지 잘 살펴보아야 해요.

액비

비료는 작물을 살찌우는 재료라는 뜻입니다. '액비'는 액체 비료라는 뜻이고요.

작물에 주는 거름에는 고체 형태와 액체 형태가 있습니다. 보통 텃밭에 주는 밑거름은 고체 비료예요. 액비를 작물의 잎 뒷면에 직접 뿌려 주면 기공을 통해 빠르게 영양을 흡수합니다. 액비는 주로 웃거름으로 쓰이는데 오줌 발효액, 목초액, 칼슘 액비, 깻묵 액비 등이 있습니다.

칼슘 액비 만들기

1. 달걀 껍데기를 이틀 이상 완전히 말린 후 잘게 부숩니다.

2. 현미 식초가 담긴 페트병에 잘게 부순 달걀 껍데기를 조금씩 저으면서 넣어요. 그러면 거품이 생기면서 껍데기가 녹습니다.

3. 하루에 한 번씩 흔들어 주면 좋습니다. 참고로 따뜻한 곳에서 더 잘 녹아요.
   주의할 점은 가스가 차서 페트병이 너무 단단해지기 전에 뚜껑을 살짝 열었다 닫아 주면서 가스를 빼 줘야 합니다.

4. 달걀 껍데기가 모두 가라앉고 더 이상 거품이 생기지 않으면 칼슘 액비가 완성된 것입니다. 보통 7~15일 정도 걸립니다.

5. 액체만 걸러서 서늘한 곳에 보관하며 사용합니다.

텃밭 농부가 알아야 할
24절기 이야기

오늘날 우리가 사용하는 양력(태양력)은 태양의 공전 주기를 기준으로 삼습니다. 정확하게 365.24219일이 1년인 셈이죠. 양력의 시초는 기원전 46년부터 사용한 율리우스력인데 로마의 황제 율리우스가 이집트를 원정할 때 로마력과 이집트력을 각각 보완하여 만든 것이라고 해요. 그런데 율리우스력도 1년이 깔끔하게 나누어 떨어지지 않고 해마다 0.24일 정도의 오차가 생겼습니다. 4년에 하루 정도 차이지요. 이러한 단점을 보완하여 교황 그레고리우스가 만든 것이 바로 그레고리우스력입니다. 4년에 한 번씩 하루를 더하여 2월이 29일이 되는데, 바로 이런 이유 때문이랍니다.

반면에 전통적으로 쓰인 달력은 달의 공전 주기를 기준으로 하는 음력이었습니다. 한 달이 29.5일, 열두 달이 354일이었지요. 태양의 공전 주기를 기준으로 하는 양력과는 11일이나 차이가 났습니다. 3년만 지나도 음력과 양력의 차이가 한 달 이상 나게 됩니다. 이걸 해

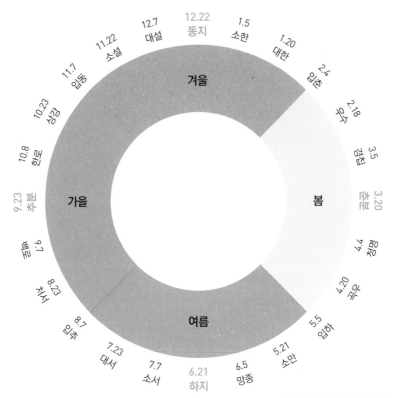

※ 매년 날짜가 조금씩 바뀝니다.

결하고자 19년에 일곱 번이나 5년에 두 번 비율로 '윤달'을 끼워 넣어요. 그래서 어떤 해는 열두 달이 아니라 열세 달이 되는 거예요.

농사를 짓던 우리 조상들은 1년 열두 달을 세분화해서 24개의 절기로 나누었습니다. 하늘에서 태양이 한 해 동안 이동하는 원 모양의 길을 황도(黃道)라고 하는데요, 이걸 기준으로 했지요. 360도인 이 황도를 90도로 나눈 것이 각각 춘분, 하지, 추분, 동지입니다. 이 네 절기가 사계절의 시작점이고요. 그 사이를 다섯 개씩의 절기로 나누면 전체적으로 24절기가 됩니다. 태양의 움직임을 기준으로 계절을 표시하고 있는 거예요. 따라서 각 절기는 해당 시기의 날씨를 반영하는데, 농부들에게는 하나의 기준이 되었답니다. 이걸 '절기력'(節氣曆)이라고 하는데 씨앗을 언제 뿌리고 열매는 언제 거둘지 등 농사의 시작과 끝을 알려주는 농사 달력 구실을 톡톡히 했습니다. 24절기를 구체적으로 살펴보면 다음과 같아요.

입춘(立春) 양력 2월 4일경

'입춘'은 봄기운이 일어난다는 뜻입니다. 아직 겨울 날씨가 남아 있지만 입춘이 지나면 하루가 다르게 날이 풀리는 것을 느낄 수 있어요. 이 무렵은 농부가 농기구와 씨앗 손질, 거름 준비 등을 하며 1년 농사를 계획하는 시기입니다. 입춘 뒤에는 꽃샘추위가 오는데, "입춘 거꾸로 붙었나"라는 속담이 있을 정도로 매섭지만, 봄기운에 깨어난 병해충들을 없애 주기에 농사에는 꼭 필요한 추위입니다.

입춘이 되면 대문 앞에 "입춘대길 건양다경"(立春大吉 建陽多慶)이라는 문구를 붙이는 풍습이 있는데요, 이는 봄이 시작되니 크게 길하고 경사스러운 일이 많이 생기라는 뜻입니다.

우수(雨水) 양력 2월 18일경

"우수, 경칩에는 대동강 물도 풀린다"는 속담이 있듯이, 우수가 되면 완연한 봄기운을 느낄 수 있습니다. 우수에 비가 내리면 겨우내 얼었던 땅이 녹고, 겨울 철새인 기러기는 추운 북쪽으로 날아간다고 하지요. 꽃샘추위에 움츠러들었던 땅속 벌레들도 슬슬 기지개를 켜기 시작하는 시기입니다. 우수와 곡우에 내리는 비는 1년 농사에 매우 중요합니다.

우수에 빼먹지 않고 해야 할 일이 있는데 바로 장 담그기입니다. 장은 음력 정월(양력 2월 중)에 담근 장이 가장 맛이 있다고 해요. 예부터 우수가 되면 장을 담갔다가 40여 일이 지난 청명이나 곡우 때 된장과 간장을 분리하는 풍습이 있습니다. 우수는 텃밭에 심을 고추 모종을 만들기 위해 흙에 씨앗을 넣는 시기이기도 합니다.

경칩(驚蟄) 양력 3월 5일경

누군가에게 "경칩이 지난 게로군"이라고 말할 때가 있습니다. 이는 경칩(驚蟄) 때 벌레가 입을 떼고 울기 시작하듯이, 입을 다물고 있던 자가 말문을 열게 되었음을 이릅니다. 우수와 경칩이 지나면 겨울잠을 자던 개구리가 땅속에서 나오지요. 그만큼 봄의 기운이 듬뿍 들어 농부의 바쁜 한 해 살림이 시작되는 때입니다. 경칩은 토마토, 가지, 오이 등 봄 작물의 모종을 키울 씨앗을 흙에 넣는 중요한 절기예요.

춘분(春分) 양력 3월 20일경

춘분은 낮과 밤의 길이가 같아지는 날입니다. 이날을 기점으로 낮의 길이가 길어지고 기온이 확연히 영상으로 올라갑니다. 봄꽃들이 피어나고 들에는 나물이 돋아나고, 나무에도 새순이 돋아나는 시기이지요. 춘분이 지나면 거의 모든 씨앗을 뿌릴 수 있습니다.

청명(淸明) 양력 4월 4일경

청명은 입춘에 돋아나기 시작한 봄나물이 뻣뻣해져서 먹기 어려워지고 진달래꽃이 피기 시작하는 때입니다. 한낮엔 여름 같다가 새벽엔 추워지기도 하지요. 농부들은 때 이르게 나온 싹들이 추위에 피해를 입지 않도록 주의해야 합니다. 청명은 식목일, 한식과 하루 사이로 겹치는 경우가 많아요. "청명에는 부지깽이를 꽂아도 싹이 난다"는 속담이 있을 정도로 생명의 기운이 가득 차는 시기입니다. 부지깽이는 옛날 부엌에서 아궁이에 불을 땔 때 불을 헤치거나 끌어내는 데 쓰는 막대기인데 그런 막대기에도 싹이 틀 정도면 다른 생명들은 어떻겠어요? 사람들도 이때 산소를 돌보거나, 집수리 같은 일을 했다고 합니다. 봄이 오기를 기다리면서 겨우내 미루어 두었던 일을 하는 거예요.

곡우(穀雨) 양력 4월 20일경

곡우는 '곡식을 싹 틔우는 비'라는 뜻입니다. "봄비는 한 번 내릴 때마다 따뜻해지고, 가을비는 한 번 내릴 때마다 추워진다"는 속담처럼 곡우 때 비가 내리고 나면 한결 더 따뜻해집니다. 땅도 촉촉해져 심어둔 씨앗이 싹을 틔우기가 아주 좋지요. 이때는 밤에도 추운 기운이 없어지기 때문에 거의 모든 씨앗을 텃밭에 직접 뿌릴 수 있습니다. 본격적인 농사가 시작되니 농부의 몸도 마음도 바쁜 시기예요.

입하(立夏) 양력 5월 5일경

"오뉴월 하루 놀면 동지섣달 열흘 굶는다"는 속담이 있습니다. 가장 열심히 일해야 할 시기라는 뜻이겠지요. 본격적인 농사철을 맞아 작물들도 힘차게 자라고 덩달아 작물 주변 풀들도 기운을 뻗치는 시기입니다. 작물들이 주변 풀에 치여 잘 자라지 못할 수 있기 때문에 부지런히 없애야 해요. 텃밭의 풀들은 어릴 때 손을 써야 합니다. 자랄수록 없애기가 어렵거든요. 이 시기에는 벌레들도 한창 극성을 부릴 때이니 미리미리 목초액 등의 기피제를 뿌려 피해를 줄여야 합니다. 5월이면 뻐꾸기가 울기 시작하는데, 콩을 심을 때가 되었다는 뜻이니 여러분도 텃밭에 검은콩, 서리태, 메주콩 등 다양한 토종 콩 들을 심어 보면 좋겠지요.

소만(小滿) 양력 5월 21일경

소만이 되면 모든 작물의 성장이 빨라지기 시작하니 버팀목을 세워 줘야 합니다. 이른 봄에 심은 잎채소는 솎아 먹으면서 키우고 텃밭 주변의 풀들은 씨앗을 맺으니 떨어지기 전에 부지런히 풀을 잡아 주는 시기이지요. 이때를 놓치고 장마가 지나면 작물보다 풀이 더 커지고 억세져 손보기가 어렵습니다. 그러니 미리미리 서두르세요.

　열매채소에 꽃들이 피는 때이기도 한데 "가지 꽃과 부모 말은 허사가 없다"는 속담처럼 특히 가지 열매가 잘 맺힙니다. 작물에 꽃이 피기 시작하면 텃밭에 웃거름이 필요한 시기니, 때맞춰 웃거름을 주면 풍성하게 수확할 수 있어요.

망종(芒種) 양력 6월 5일경

"보리는 망종 전에 베라"는 속담이 있습니다. 이때 보리를 모두 베어야 논에 벼도 심고 밭갈이도 하게 된다는 뜻이에요. 이때는 사마귀나 반딧불이가 나타나기 시작하며, 매화가 열매를 맺기 시작합니다. 텃밭에서는 조, 기장, 옥수수 등 가을 곡식도 심고, 고구마 줄기를 옮겨 심을 때이기도 하지요. 토마토, 가지, 고추 등 열매채소에 버팀목을 세우고, 곁순을 제거해서 본 줄기가 충실하게 자랄 수 있도록 하는 것도 이때 해야 할 중요한 일입니다.

하지(夏至) 양력 6월 21일경

모심기가 거의 끝나는 하지 무렵에는 햇감자를 쪄 먹거나 감자전을 부쳐 먹습니다. 바야흐로 한여름을 향해 달려가는 시기이지요. 햇빛이 충분해 웬만한 곡식은 하지까지만 심으면 가을에 거둘 수 있습니다. 옛날에는 하지가 지날 때까지 비가 오지 않으면 기우제를 지냈다고 해요. 기록을 보면 마을 이장이 제관이 되어 용소(龍沼, 폭포수 바로 아래에 있는 깊은 웅덩이)에 제물로 가축을 잡아 그 머리를 물속에 넣었다고 합니다. 그러면 용신(龍神)이 그 부정함에 노하여 비를 내려 부정함을 씻어 내린다고 믿었다고 해요. 나머지 몸통 고기는 기우제에 참가한 사람들이 먹으며 공동체 의식을 다졌다고 하는데, 관개시설이 발달하지 않은 옛날에는 비가 오는 것이 매우 중요한 일이었음을 알게 해주는 풍습이에요.

소서(小暑) 양력 7월 7일경

'작은 더위'라는 뜻의 소서 때가 되면 본격적인 무더위가 시작됩니다. 장맛비에 과일과 열매채소가 무럭무럭 자라는 시기이지요. 농부들은 비 피해를 입지 않도록 버팀목과 물 빠질 고랑 등을 잘 살펴야 합니다. 풀도 뽑고, 토마토, 오이, 가지, 호박 등과 같은 열매채소에 웃거름도 주고 토마토 순지르기도 해야 하니 정신없이 바쁜 시기이지요. 한편 수시로 열매를 수확하니 즐거운 때이기도 하지요.

대서(大暑) 양력 7월 23일경

대서는 장마가 끝나고 본격적인 무더위가 찾아오는 때입니다. "대서에는 더위 때문에 염소 뿔도 녹는다"라는 속담이 있을 정도니 얼마나 더운지 짐작할 만하지요. 농부들은 더위에 아랑곳하지 않고 땀을 흘려야 할 때이기도 합니다. 풀 뽑느라 바쁘고 가을걷이에 대비하는 시기이지요. 그러면서도 한편으론 올해는 김장을 얼마나 해야 할까를 고민하면서 가을 텃밭을 상상해 보는 시기이기도 하지요.

입추(立秋) 양력 8월 7일경

입추가 지나면 더위가 한풀 꺾이기 시작합니다. 날씨가 좋아 논에서는 벼가 자라는 것이 눈에 보일 정도라고 해요. "말복 나락 크는 소리에 개가 짖는다"는 속담이 있을 정도입니다. 벼뿐만 아니라 모든 작물들이 무섭게 생장하는 때이지요. 이 무렵이면 김장 농사를 위해 밭을 준비하고 거름을 내고 김장 작물 모종 키우기도 시작해야 합니다.

처서(處暑) 양력 8월 23일경

처서와 관련한 재미있는 속담이 있습니다. 우선 "처서가 지나면 풀도 울며 돌아간다"는 말이 있는데요. 이때가 지나면 식물의 생장이 점차 줄어들기 시작한다는 뜻입니다. "처서가 지나면 모기도 입이 비뚤어진다"는 속담도 있는데 이제 벌레들도 기운을 잃어간다는 뜻이겠지요. 두 속담 모두 이제 생명력이 가득했던 여름이 저물어가는 모습을 담고 있습니다. 일교차가 커지면서 여름내 쑥쑥 자란 열매들이 맛이 드는 시기입니다.

텃밭에서는 붉게 변한 고추를 수확하고 김장 채소를 옮겨 심을 때이지요. 김장 채소와 함께 쪽파와 가을 당근도 심어 보면 어떨까요? 배추나 무와 함께 파를 심으면 파 냄새 때문에 벌레들이 덜 온다고 합니다. 여러 작물도 함께 거두고 벌레도 쫓을 수 있으니 일거양득인 셈이지요.

백로(白露) 양력 9월 7일경

'하얀 이슬'이라는 뜻의 백로는 실제로는 찬 이슬이 내리기 시작하는 시기이자 본격적인 가을걷이가 시작되는 때입니다. 1년 중 가장 맑고 깨끗한 날씨를 보이는 때이지만 간혹 태풍이 올라와 농가에 큰 피해를 주기도 합니다. "백로에 비가 오면 오곡이 겉여물고(속은 무른데 겉으로만 단단하다) 백과에 단물이 빠진다"는 말이 있는데 이때 오는 비는 농사에 별로 도움이 안 된다는 뜻이겠지요. "백로까지 핀 고추꽃은 효도한다"라는 속담도 있는데 이때 고추꽃이 피면 가을 동안 고추를 따 먹을 수 있으니 효자나 다름없다는 뜻이에요.

추분(秋分) 양력 9월 23일경

추분이 지나면 낮이 짧아지고 밤이 길어집니다. 햇빛의 양이 줄어 가을 작물들이 서서히 생장을 늦추는 때이지요. 날씨는 건조해지니 수확한 작물들의 갈무리를 위해 씨앗들을 말리는 때입니다. "추분이 지나면 우렛소리 멈추고 벌레가 숨는다"는 속담이 있는데요. 날이 바뀌면서 벌레들도 다가올 추위를 피하려 몸을 숨긴다는 뜻이에요. 자연의 변화에 민감한 벌레들도 신기하지만 이러한 자연현상을 알아보고 속담으로 전해 주는 우리 조상들의 지혜도 참 대단하지요?

한로(寒露) 양력 10월 8일경

"한로가 지나면 제비도 강남으로 간다"는 속담이 있습니다. 찬이슬이 맺히는 한로가 되면 날씨가 추워지기 시작하니까요. 농부들은 이때부터 추위에 대비해야 합니다. 서리를 맞으면 씨로 쓸 수 없기에 그전에 논에서는 벼를, 밭에서는 들깨, 콩, 팥, 수수 등의 곡식류를 거둬야 하죠. 아직 남은 여름 열매채소의 씨앗들도 잘 갈무리해야 하고요. 한편 밀과 보리는 이때 심어야 합니다.

상강(霜降) 양력 10월 23일경

한로 때부터 거두기 시작한 여름 작물과 곡식은 상강 전에 모두 수확을 마쳐야 합니다. 예외는 있어요. '서리태'는 '서리를 맞은 후에 거둔다'고 해서 붙여진 이름인데요. 그래도 날이 더 추워지기 전에 농사의 갈무리를 잘해 놓아야 마음이 편하겠지요?

입동(立冬) 양력 11월 7일경

이제부터는 겨울입니다. 갑자기 영하로 내려가는 일도 있어서 작물들 상태를 잘 확인해야 해요. 무는 얼어 버리기 때문에 서둘러 수확을 해야 하고요. 배추는 무보다는 추위에 잘 견디지만 영하 3~4도 이하로 내려가기 전에 수확하는 것이 안전합니다. 앞서 한로 무렵에 밀, 보리를 심는 것이 좋다고 했는데 "입동 전 보리씨에 흙먼지만 날려주소"라는 속담처럼 입동(立冬) 전까지가 최적의 시기이니 더 늦추는 일이 없도록 해야 합니다. 이때는 김장을 하는 시기이기도 합니다. 내가 직접 정성 들여 키운 배추와 무, 고추, 쪽파 등으로 담그는 김장의 맛은 좀 더 특별하겠지요? 여러분도 한번 도전해 보세요.

소설(小雪) 양력 11월 22일경

소설은 절기상으로는 얼음이 어는 때입니다. 농사철도 지나고 김장도 마친 상태로 월동 준비를 해야 합니다. 농가에서는 시래기를 엮어 달고 무나 호박을 썰어 말리기도 하며 목화를 따서 손질하기도 하지요. "소설 추위는 빚을 내서라도 한다"는 속담이 있어요. 한동안

> ### 알아두기
>
> 소설 즈음에는 바람이 심하게 불고 날씨도 추워집니다. 이날 부는 바람을 '손돌바람', 추위를 '손돌추위'라고 하는데요, 조선 후기에 쓰인 『동국세시기』에 이와 관련된 이야기가 전해지고 있습니다. 고려 23대 왕 고종이 몽고군의 침략을 받아 강화도로 몽진을 가던 때라고도 하고, 조선 시대에 이괄의 난을 피해 인조가 한강을 건너던 때라고도 합니다. 사공 중에 '손돌'이라는 사람이 있었는데 피난을 가는 왕을 모시고 뱃길을 서둘렀지만, 왕이 보아하니 손돌이 자꾸 일부러 그런 것처럼 물살이 급한 뱃길을 잡아 노를 젓는 것이었습니다. 왕은 의심이 갔습니다. 그래서 신하를 통해서 물살이 세지 않은 안전한 곳으로 뱃길을 잡으라고 하였지만 손돌은 아랑곳하지 않았습니다. 왕은 의심을 이기지 못하고 선상에서 손돌을 참수(斬首)하고 말았습니다. 손돌은 죽기 전에 억울함을 하소연하였지만 소용이 없음을 알고 바가지를 하나 내놓으며 물에 띄운 바가지가 가는 길을 따라 뱃길을 잡으라고 말하였습니다. 물살은 점점 급해지고 일행은 하는 수 없이 손돌이 가르쳐 준 대로 바가지를 물에 띄웠습니다. 바가지는 세찬 물살을 따라 흘러갔으며, 왕을 실은 배도 그 뒤를 따랐습니다. 무사히 뭍에 내린 왕은 그때야 비로소 손돌의 재주와 충심을 알았습니다.
>
> 또 다른 전설에서는 이렇게 전해집니다. 손돌을 죽인 후에 더더욱 세찬 바람이 불고 물살이 급해졌기 때문에 하는 수 없이 싣고 가던 말의 목을 잘라 제사를 모셨더니 파도가 잠잠해졌습니다. 뭍에 도착한 왕은 곧 후회를 하였지만 손돌의 목숨을 다시 되돌릴 수는 없었습니다. 그래서 경기도 김포시 대곶면 대명리 덕포진의 바다가 내려다보이는 곳에 장지를 정해 후하게 장사를 지내 주었다고 합니다. 이때가 10월 20일이었는데, 소설 즈음인 이맘때가 되면 매년 찬바람이 불고 날씨가 추워진다고 합니다. 그래서 소설 무렵에 부는 바람을 '손돌바람'이라고 부르게 되었다고 합니다.

안 춥다가도 이때가 되면 꼭 추워지는데, 이 시기에 날씨가 추우면 보리가 웃자라지 않아 겨울나기가 쉽고 농사가 잘 될 가능성이 높아 져서 생긴 속담이에요.

대설(大雪) 양력 12월 7일경

이 시기는 농부들에게 한가하고 풍족한 시기입니다. 가을 동안 수확한 곡식들이 있기 때문이에요. 대설에 눈이 많이 오면 이듬해에 풍년이 들고 따뜻한 겨울을 날 수 있다는 말이 있습니다. "눈은 보리의 이불이다"라는 말이 있는데, 이 말은 보리밭에 눈이 쌓이면 보온 효과가 있어 보리가 얼지 않아 풍년이 든다는 뜻이에요.

동지(冬至) 양력 12월 22일경

동지는 1년 중 밤이 가장 길고 낮이 가장 짧은 날이에요. 우리나라에서는 동지를 이듬해로 넘어가는 '시작 날', 혹은 '작은 설'로 여겼지요. 예부터 동지에는 붉은색 팥으로 죽을 쑤어 먹고 벽에 바르기도 하면서 귀신을 쫓고 건강을 기원하기도 하는 풍습이 있었습니다. 오늘날까지 이어져 동짓날에는 동그란 새알심이 들어간 팥죽을 쑤어서 이웃과 나누어 먹지요. "동지가 지나면 푸성귀도 새 마음이 든다"는 속담처럼 온 세상이 새해를 맞을 준비에 들어가는 때입니다.

소한(小寒) 양력 1월 5일경

소한은 절기 중 가장 추운 시기로 이와 관련해서 추위에 관한 속담이 많습니다. "대한이 소한이 집에 가서 얼어 죽는다", "소한에 얼어 죽은 사람은 있어도 대한에 얼어 죽은 사람은 없다" 등이 그것입니다. 모두 매서운 추위에 관한 속담이지요.

대한(大寒) 양력 1월 20일경

예전에 농부들은 주로 방안에서 가마니나 멍석 등 벼 베기 후 나온 짚으로 필요한 물건들을 만들어 놓기도 하고 그동안 미뤄 둔 일을 했습니다. 이름대로라면 1년 중 가장 추워야 할 것 같지만 사실은 그렇지가 않아요. "춥지 않은 소한 없고 포근하지 않은 대한 없다", "소한의 얼음이 대한에 녹는다"라는 속담처럼 추위가 조금씩 누그러지는 때입니다. 대한이 지나면 입춘이 오니 농부의 마음이 설레는 때이기도 하지요.

한눈에 보는 텃밭 농사 달력

월	절기	밀, 보리, 벼	심기	기르기	거두기
2월	입춘(2.4)	-밀, 보리밟기	-농기구 준비 및 손질 -밭 확보		
	우수(2.18)		-씨앗 고르기 -고추 모종 키우기		
3월	경칩(3.5)		-밭 만들기	-거름 만들기 준비	
	춘분(3.20)		-고구마 줄기 키우기 -씨 감자 심기 -토마토, 가지, 오이 　모종 키우기	-마늘, 양파 덮개 걷고 　웃거름 주기	
4월	청명(4.4)		-상추, 무, 대파, 부추 　당근 씨 뿌리고 옮겨심기 -봄배추 모종 키우기 -강낭콩, 완두콩 　씨 뿌리기	-부추, 대파, 　쪽파 웃거름 주기	-쪽파, 대파 수확
	곡우(4.20)	-밀, 보리 　웃거름 주기 -볍씨 파종하기	-옥수수 씨 뿌리기 -땅콩, 생강 심기 -봄배추 모종 옮겨심기		
5월	입하(5.5)		-고추, 가지, 토마토, 　호박, 오이, 옥수수 　모종 옮겨심기	-상추 벌레 잡기, 　솎아 주기 -깻묵 액비, 　목초액 뿌리기 -강낭콩 북주기 -완두콩 버팀목 세우기 -토마토 곁순치기	
	소만(5.21)		-메주콩 모종 키우기 -들깨 씨 뿌리기	-상추 풀매기 -감자 북주고, 웃거름 주기	-상추 수확
6월	망종(6.5)	-밀, 보리 거두기 -벼 모내기	-대파 모종 옮겨심기 -고구마줄기 옮겨심기 -메주콩 옮겨심기	-고추, 가지, 토마토, 오이 　버팀목 세우기 -가지, 오이, 토마토 풀매기, 　웃거름 주기, 벌레 잡기, 　목초액 주기	-부추 수확 -오이, 호박, 고추, 가지 　거두기 시작 -봄배추 거두기
	하지(6.21)			-고구마밭 풀매기	-감자 캐기 -마늘, 양파 거두기

7월	소서(7.7)		−들깨 모종 옮겨심기	−메주콩 북주기 순지르기 −토마토 순지르기	−강낭콩, 완두콩 수확 −토마토, 옥수수, 당근 수확
	대서(7.23)			−장마 이후 풀베기	
8월	입추(8.7)		−김장 밭 만들기 −배추 모종 키우기 −무, 상추 씨 뿌리기 −양파 모종 키우기	−고구마 줄기 들추기	
	처서(8.23)		−배추 모종 옮겨심기 쪽파 심기		−붉은 고추 수확
9월	백로(9.7)		−총각무, 갓 씨 뿌리기	−배추벌레 잡기 −배추 웃거름 주기 −무 솎아내기	
	추분(9.23)				
10월	한로(10.8)	−밀, 보리 파종	−양파 모종 옮겨심기	−총각무, 갓 솎아내고 웃거름 주기	−들깨, 메주콩, 땅콩 수확 −상추 수확
	상강(10.23)	−벼 추수	−마늘 심기		−고구마, 생강 캐기
11월	입동(11.7)			−배추 잎 묶기	−무, 총각무, 배추, 쪽파 거두기
	소설(11.22)			−시금치, 양파, 마늘 등 겨울 나는 채소 보온하기	−밭 정리 −농기구 정리

참고: 텃밭신문 통권 제1호 (텃밭보급소 펴냄)
※ 지역마다 차이가 있습니다.